KB044588

엄마의

두 번째 이야기

소

신

엄마의

소신

두 번째 이야기

이지영(빨강머리앤)
지음

서사원

가지 않은 길을 생각해 봅니다.

결혼하지 않았다면, 아이를 낳지 않았다면 어땠을까.

더 나았을 것이라, 더 불행했을 것이라

단정 지을 수 없습니다.

완전히 다른 삶, 다른 세상이었을 테니까요.

그곳의 나는 내가 아닐 테니까요.

그런데 가지 않은 길을 제대로 상상할 새도 없이

아이들은 순식간에 자라더군요.

어안이 벙벙할 정도로.

《엄마의 소신, 두 번째 이야기》는

그렇게 순식간에 지나간 육아의 마침표입니다.

아이들을 키우며 쓴 글을 모았던 《엄마의 소신》은
감사하게도 많은 사랑을 받았습니다.
그 시절 대부분의 '나'는 '엄마'였는데,
다들 공감했던 거지요.
엄마로서의 나를 발견하고 다듬었던 시간.
이제는 아이들이 커가면서
그들이 살아갈 세상을 유심히 바라봅니다.
결혼과 육아 이전의 나와는 다른,
눈 떠보니 낯설어진 나 자신에 대해서도
천천히 관찰해봅니다.
조금씩 아이와 거리를 두고

엄마와 아내와 딸, 며느리가 아니라
홀로 우뚝 선 자신이 되어
세상에 손 내미는 사람이 되어갑니다.
엄마의 소신은 곧 나 자신의 소신이며
가치관으로 자리를 잡아갑니다.

누군가에게는 현재진행형으로
누군가에게는 미래형으로 읽힐 이 책이
지금의 소신, 앞으로의 소신을
더욱 탄탄하게 만드는 데
도움이 되면 좋겠습니다.

《엄마의 소신》이 한 잔의 커피 같은 글이 되면

좋겠다고 생각했는데

두 번째 책은 한 잔의 맥주 같은 글이 되기를 바랍니다.

언제나 옆에서 건배해드릴게요.

때로는 말없이, 때로는 격하게.

2023년 가을

내일이 있다는 게 행복한

빨강머리앤 이지영

엄마의 소신

육아는
과정이 전부다

육아는 과정이 다입니다.

엄마표 영어도 그렇고, 엄마표 수학도 그렇습니다.

대단한 사람으로 키우지 못해도

원어민처럼 영어를 말하게 하지 못해도

이공계를 못 보내도

아이를 키우면서 했던

말, 표정, 감정, 소통, 웃음, 추억…

그게 다입니다.

그게 육아입니다.

결과로 유혹하는 책 제목에 마음 끌린 적도 있었으나

지금은 결과로 유혹하는 책이 불편합니다.

책에서 시키는 대로 했는데 다른 결과가 나오면

엄마 탓 같아요.

하라는 대로 했는데 결과가 안 나오면

애가 모자란 것 같습니다.

뛰어난 엄마와 잘난 아이의 조합에 속았던 게

한두 번이던가요.

물론 그들이 속인 적은 없죠.

내가 속았을 뿐.

과정을 즐기면 두려울 게 없습니다.

과정이 좋으면 최악의 결과는 없으며

결과에 좋은 의미가 들어 있거든요.

행복은 미래에 있지 않고

바로 지금

여기에 있습니다.

뭐든지 될 수 있을까

어린아이를 둔 부모는 생각합니다.

"이 아이는 뭐든 될 수 있어!"

그리고 아이에게도 말합니다.

"너는 뭐든 될 수 있고, 뭐든 할 수 있어!"

정말 아이는 뭐든 될 수 있을까요?

어릴 때는 아이의 장점이나 특징, 성향, 취향 등을

잘 알 수가 없죠.

그러니 뭐든 될 수 있는 거예요.

무한한 가능성이라기보다 미지의 세계 쪽에 가깝죠.

노력을 하면 손흥민처럼

뛰어난 축구 선수가 될 수 있다거나

스티브 잡스처럼 아이디어 뱅크가

될 수 있다는 뜻은 아닙니다.

너는 앞으로 어느 분야로 갈지 모르는 씨앗이야.

싹이 트고 잎이 나면서

아! 어떤 식물이구나, 아는 거지.

그때까지 우리는 희망을 가지고 기다려.

너는 장미일까? 카네이션일까? 수선화일까?

그것을 알기 전까지

너는 어떤 꽃도 될 수 있는 거야.

그러나 네가 어떤 꽃이든

싱싱하고 건강하고 아름답길 바라.

그런 의미의 '뭐든 될 수 있다'로 생각했으면 해요.

음…

그런데 아이가 중학교만 가도

아마 그 말은 쏙 들어갈지도 몰라요.

'너는 뭐든 될 수 있단다'에서

'너는 뭐가 되려고 그러니' 하겠죠.

역시 마찬가지예요.

'뭐가 되려고'나 '뭐든 될 수 있다'는

결국 같은 말입니다.

막무가내 엄마

소신 있는 엄마와

막무가내 엄마는 다릅니다.

똑같이 학원을 안 보내도

소신 있는 엄마는 이유와 계획이 있고

막무가내 엄마는 그냥 안 보냅니다.

그래서 소신 있는 엄마는

자신과 다른 길을 가는 사람을 봐도 그러려니 합니다.

막무가내 엄마는 자신과 다른 길을 가는 사람을 깎아내려요.

내 근거가 약하니 남을 깎아내려 내 길을 합리화합니다.

소신 있는 엄마와

고집쟁이 엄마는 다릅니다.

똑같이 학원을 보내도

소신 있는 엄마는 언제든 계획을 변경할 수 있고

고집쟁이 엄마는 끝까지 보냅니다.

그래서 소신 있는 엄마는

경우의 수가 많아요. 유연합니다.

고집쟁이 엄마는

길이 하나예요. 목표가 하나입니다.

그 길에서 벗어나는 것이 두려워

인내와 성실을 가장해 고집을 부립니다.

소신 있게 사는 건

남들 보기엔 고집스럽고

막무가내 같아 보일지 모르지만

본인은 압니다.

유연하고 성실하게 살고 있다는 걸.

단편적으로 보이는 게 다는 아닙니다.

자식 잘 키우셨어요

자식을 어쩜 그렇게 잘 키우셨어요?
이렇게 말해주고 싶은 분들이 있어요.
이런 말을 종종 듣는 분들도 있고요.

자식을 잘 키웠다는 건 어떤 뜻일까요?
성적 좋고, 성격도 좋고
속 썩이는 일 벌이지 않고
부모와 사이도 좋고…
그러면 잘 키웠다는 말 들을 만하죠.

'잘 키우셨네요'라는 말을 듣는 입장이라면
겸손해야 합니다.
아이들은 예고하고 뒤통수치지 않아요.
뒤통수를 맞았다 하더라도
남에게는 말하기 어렵습니다.
나의 치부라면 몰라도
내 아이의 치부를 드러낼 수 없는 게
부모니까요.

잘 키운 것 같았는데 아닌 날도 있고
아니었구나 무너져내렸는데
역시 이 정도면 괜찮게 자랐구나
안심하기도 합니다.

변함없는 아이가 있을까요?
저는 없다고 봐요.
그러니 남들 보기에 참 잘 키운 것 같아도
겸손해야 합니다.

잘 키웠다기보다

잘 자란 것일 수도 있고요.

'잘 키우셨네요'라는 말을 건네는 입장이라도

부러워할 필요 없습니다.

상대 부모의 수고를 인정하고 존경하는 마음에

칭찬할 수는 있겠지만

내 아이가 그만큼 되지 못해

부러워할 필요는 없다는 말입니다.

속속들이 알지 못하잖아요.

겉으로 보이는 게 다가 아니고

평가는 아주 오랜 시간이 지난 뒤에

할 수 있는 것이기에

지금 부러워할 이유가 없는 것이지요.

속 썩지 않는 부모는 없어요.

완벽한 아이도 없어요.

너란 아이는 딱 나에게 오는 게 가장 좋았다.

그 답밖에 없습니다.

"어쩜 아이를 이렇게 잘 키우셨어요."라는 말

듣고 싶지요?

안 들어도 괜찮아요.

이담에 자식에게

"이렇게 잘 키워주셔서 감사합니다."

소리 듣는 게

천만 배 값지답니다.

Sorry, 미안, 유감

비싼 학원 못 보내줘서

좋은 차 못 태워줘서

외식 맘대로 못 시켜줘서

메이커 운동화 못 사줘서

해외여행 못 데리고 가서

부모가 저소득자, 저학벌, 비강남 거주자여서

Sorry한가요?

필요 이상으로 자식에게

'미안'해하는 분들이 있습니다.

'미안'은 실수로 또는 고의로 해를 끼쳤을 때

하는 말 아닐까요?

마음껏 해주고 싶으나 할 수 없어서

할 상황이 아니라서

교육관 때문에 하지 않는 것에 대해서는

같은 sorry여도 '미안'이 아니라

'유감'이 더 어울리는 단어라고 생각해요.

너는 원하지만 엄마가 해줄 수 없어서 '유감이야.'

'미안'하면 죄책감이 생기죠.

'유감'에는 죄책감은 없어요.

그래서 정치인들이 머리 숙여 사과해야 할 상황에

꼭 '유감'이라 표명해서 꼭지 돌게 만들잖아요.

'미안'하다고 말해 버릇하면

당연한 걸 부모가 안 해준 것으로 받아들일 수 있어요.

"엄마, 우리도 호캉스 가면 안 돼? 소고기 먹으면 안 돼?

나도 아이폰 최신형 갖고 싶은데…"라는 말에
"엄마가 못 해줘서 미안해."라고 하지 마세요.
"엄마가 해줄 수 있으면 좋겠지만 그러지 못해서
엄마도 유감이라고 생각해. 자, 삼겹살 구워 먹자."가
낫습니다.

미안하긴 뭐가 미안해요.
이렇게 열심히 사랑하고 아껴주는걸요.

* 덧붙임
  화내고, 기다리게 하고, 배고프게 하고…
  이런 것들은 '미안' 맞습니다.

매일의 힘

소아 중환자실에
장기간 누워 있는 아이가 있었어요.
10대 중반인 아이였는데
몇 넌째 식물인간으로 누워 있었답니다.
관절은 굽었고 근육은 말랐죠.

엄마는 날마다 아들을 씻겼답니다.
침대에 누인 채로 매일 물로 씻긴 뒤, 젖은 시트를 갈 때면
엄마와 간호사는 합을 맞추어 재빠르게 움직여야 했어요.
엄마가 아들을 번쩍 안아 들면

간호사는 후다닥 시트를 교체하는 거지요.

아무리 살이 없고 근육이 없어도

아무리 의식이 없는 상태라 해도

아이는 자랐고 무게가 늘었지요.

아마 저더러 그 아이를 안아 올리라고 하면

저는 못 했을 거예요.

엄마가 아들을 번쩍 들어 올릴 수 있었던 것은

아이 몸무게가 얼마 되지 않았을 때부터

매일 했기 때문이지요.

그 엄마도 분명 무거웠을 테지만

조금씩 늘어나는 무게에

엄마도 매일 조금씩만

힘을 더 주면 되는 거였으니까요.

사교육은 일찍 시작하면

나중에 엄마표로 돌아오기 어려워요.

갑자기 10대 중반의 아이를

들어 올리지 못하는 것처럼요.

매일 조금씩 아이와 함께하다 보면

남들이 볼 때는

"어? 아직도 학원에 안 가요?" 하는 시기까지도

아이와 함께 해나갈 수 있어요.

다 큰 아이를 번쩍 들어 올리던

엄마의 힘은

매일의 힘이었어요.

그 당시 궁금했던 것이었는데

그 비밀의 열쇠가

오늘 갑자기 풀렸네요.

맹모삼천지교

교육 환경이 좋은 곳을 찾아다닌다고 했던

맹모삼천지교를

요즘은 다른 각도로 해석하는 글들이

많이 보입니다.

묘지 근처에서 살아보았기 때문에

시장 근처에서 살아보았기 때문에

맹자가 생과 사에 대해

사람 살아가는 모습에 대해 알게 되었고

때문에 더 학업에 매진할 수 있었을 거라는 해석이지요.

오래된 해석으로든
새로운 해석으로든
맹자 어머니에게
본인만의 소신이 있었다는 건
변함이 없습니다.

누굴 따라 이사한 게 아니고
누가 부러워서 이사한 게 아니고
무엇이 아이에게 좋은 환경인가를
스스로 고심했고 실천했지요.

맹자도 서당 옆에서 자랐기에
훌륭한 사람이 된 것이라기보다
다양한 경험을 했기에
배움의 깊이도 깊어지고
넓이도 커졌다고 생각합니다.

학군에 따라 부동산 가격이 움직이는

기이한 현상을 보며

진정한 맹자가 거기서 나올 수 있을까

의문을 가져봅니다.

아이를 잘 키우고 싶으면

이사부터 갈 게 아니라

소신부터 가져야 하지 않을까요?

나처럼 되는 건 쉬워

인간 사고의 인지 편향 중

'사후 판단 편향' '생존자 편향'이라는 것이 있어요.

특정 상황에서 살아남은 사람에게만 집중함으로써

판단하는 걸 말하는데요.

많은 부모가 교육에서도 살아남은

1%의 말에 집중하지요.

죽은 99%는 말이 없으니 말이죠.

○○처럼 키우고 싶으면 저를 따라오세요!

하는 말에 주의하세요.

대다수의 부모는
◇◇처럼 하다가는 망합니다!
하는 소리를 내지 않으니까요.

예전에 좋아했던 드라마 대사 중 하나가 생각나네요.
"선배님처럼 될래요."라고 말하는 배우 지망생에게
탑배우가 말합니다.
"나처럼 되는 건 쉬워.
너처럼 되고 싶게 만드는 게 어려운 거지."

누굴 따라 하기보다
어떻게 하면
누가 따라 하게 될까
고민하는 것.
아이 교육에서도
필요한 것 같습니다.

'일반'이라는 단어

최근에는 '일반'이라는 단어에 꽂혔어요.

일반 유치원에 보내야 할까요?

영어 유치원에 보내야 할까요?

사립 초등학교를 나와서

일반중 보내면 연계가 될까요?

특목고 떨어지면 일반고 가야 하는데….

참 낯설어요.

일반 유치원이라니

일반 중학교라니

일반 고등학교라니….

유치원에 보내야 할까요?

영어 학원 유치부에 보내야 할까요?

사립 초등학교 나와서

공립 중학교 보내면 연계가 될까요?

특목고 떨어지면 인문계고 가야 하는데…

라고 하면 안 되는 걸까요?

일반: 특별하지 아니하고 평범한 수준 또는 그런 사람들

일반 유치원에 다니고

일반 중학교에 다니고

일반 고등학교에 다닌다는 말이

우리 아이들 마음에

어떤 선입견을 심어줄까요?

국공립 유치원, 사립 유치원, 통합 유치원, 사립 초등학교

공립 초등학교, 공립 중학교, 사립 중학교, 특목 중학교

인문계 고등학교, 특수목적 고등학교, 특성화 고등학교

자율형 공립 고등학교 등등.

정식 명칭으로 부르면 좋을 텐데….

반대말도 아닌데

마치 반대말처럼 사용되고 있는

'일반'이라는 말에

괜히 혼자 열 받아서 구시렁대고 있습니다.

제가 특별하지 않고

평범한 수준인 '일반' 사람이라서

그런가 봅니다.

책 육아

아기 때부터 책을 읽어주었고

그렇게 한글을 뗐고

매일 독서 시간이 있었고

책을 싫어하지 않는 아이들이 되었지만

제가 책 육아를 했는지는 잘 모르겠어요.

독서도, 영어도, 여행도, 운동도, 음악도

모든 게 두루두루 어우러져서 육아가 되는 거지

책 육아면 뭐가 다른 걸까요?

"책 읽어주려고요"와 "책 육아하려고요"는

어쩐지 다른 것 같아요.

후자가 왠지 강압적인 느낌이 든다고 할까요.

책으로 육아의 모든 걸 해결할 수 없어요.

책 육아 하는 엄마가 그렇지 않은 엄마보다

더 훌륭하다고 할 수도 없고요.

언제나 그렇듯 '어떻게'가 중요하니까요.

저희 아이들이 책만 보지 않아서

얼마나 감사한지 몰라요.

언제부터, 누구에 의해

시작된 용어인지는 모르겠지만

그 단어가 부담스럽다면

책 육아 하지 말고

책도 읽어주며 아이를 키워보세요.

책은 거들 뿐.

육아는 부모가 하는

모든 것이니까요.

욕구 이론

매슬로우 욕구 이론 들어보셨죠?
하위 단계의 욕구가 충족되어야
상위 단계로 간다는 설입니다.
학습도 마찬가지예요.

1단계: 생리적 욕구

영어책 들이밀기 전에, 수학 문제집 펼치기 전에
아이가 졸리지는 않은지, 배고프지는 않은지
춥거나 덥지는 않은지 먼저 확인해 보세요.
학원 차에 배고픈 채 태워 보내면 안 돼요.

똥 마려우면 책 내용이 머릿속에 안 들어와요.

2단계: 안전 욕구

보호받고 있음을 아이가 알아야 해요.

갑자기 누군가 들이닥칠지도 모르는 환경

모르는 사람 앞에서 말해야 하는 환경은

아이에게 스트레스를 줘요.

엄마가 돈타령하면서 학원비 아깝다 소리 하면

아이 마음이 불안해요.

아이 마음을 편하게 해주어야 합니다.

3단계: 소속과 애정의 욕구

엄마가 안고 책을 읽어주면 그렇게 좋을 수가 없지요.

스킨십 하면서 함께 영상을 보아도 좋고요.

혼자 하는 외로운 공부가 아니라

가족 구성원 모두

각자의 역할을 잘하고 있음을 보여주며

인정해주면 좋습니다.

이렇게 세 번째 단계까지의 욕구가 충족되면
이제 아이 차례예요.

4단계: 존경 욕구

영어 좀 한다는 소리가 듣고 싶고
자신이 쓴 글을 보고 "엄마보다 낫네~" 하면
자신감 쑥쑥 올라가 더 잘하고 싶습니다.

5단계: 자아실현 욕구

스스로 궁금한 것을 찾아보고
자기 세계를 확장시키는 것.
그것이 우리가 꿈꾸는 아이의 모습이겠지요.

매슬로우 욕구 이론은
대략 이런 단계를 거친다는 것이지
절대적인 순서는 아닙니다.
자아실현 욕구가 무척 강하면
배고픔 정도는 견디기도 하니까요.

그러나 아이들은

아직 자아나 인격이 완성되지 않았기 때문에

대부분 하위 단계가 충족되어야

다음 단계의 욕구가 생길 겁니다.

특히 3단계까지는

스스로 하기 어려운 게 아이들이죠.

기본을 챙겨주어요.

아직 아이잖아요.

의견이 갈려요

남편은 공부 쪽을 시키고 싶어 하고
저는 예체능 쪽을 시키고 싶어요.
부부의 의견이 갈려요.
어떻게 해야 할까요?

이런 질문이 보였어요.
부부의 의견이 갈릴 수 있죠.
아이를 생각하는 마음은 둘 다 지극하지만
생각은 다를 수 있으니까요.
그런데

이상한 점 없나요?

아이의 진로 문제인데

질문에 '아이'는 어디 있을까요?

부모가 계획을 세운다고

자식이 그대로 자랄지도 의문이지만

그대로 자란다 해도 문제 아닐까요?

공부가 하고 싶은지, 예체능이 하고 싶은지는

아이가 결정할 문제이고

부모는 아이가 관심 두는 분야에 대해

넓게 알아보고 알려주는 역할만 하면 되는 거지요.

그러니 참으로 소모적인 부부 갈등이

아닐 수 없습니다.

무엇을 시킬지 고민하기보다

아이가 무엇을 하고 싶은지

진심을 들어보는 시간이

먼저입니다.

성격 아닌 가치관

딸들의 성격이 무척 판이합니다.

같은 부모 밑에서 태어나 자랐는데

어쩌면 이렇게 다를까요?

타고난 성격은

부모가 어찌할 수 없는 것 같습니다.

그러나 같은 부모에게서 크면

같은 가치관이 생기더라고요.

반응하는 방법은 성격에 따라 다르지만

같은 것에 분노하고

정의라고 생각하는 부분이 비슷해요.

부모가 옳은 가치관에 대해
끊임없이 탐구하고 실천하면
아이들은 영향을 받습니다.
끈끈하게 연결되어 있는 가족이라면
아이들은 개성 있게 다른 성격으로 자라겠지만
결정적인 부분에서는
비슷한 목소리를 낼 것입니다.
부모를 보니 믿음이 간다는 말은
아마도 그런 뜻일 겁니다.

육아에 정석이 없는 이유

수학에 정석이 있는 것처럼
육아에도 정석이 있으면 좋겠다는
어떤 아기 엄마의 글을 읽고
공감했어요.

저도 초보 엄마였을 때
아무리 책을 읽어도
내가 제대로 아이를 키우고 있는 건지
알 수가 없었으니까요.
분명 '신생아는 종일 잔다'고 쓰여 있는데

제 아이는 하루에 10시간밖에 안 자더란 말이지요.

비정상인 건지, 무슨 문제가 있는 건지
억지로 재워야 하는 건지
당황스러웠고 걱정도 됐죠.
잠자리 독립도 일찍 시킨 편인데
아이가 원할 때까지 엄마랑 자야 한다는
사람들의 말을 들으면
내가 너무한 건가 싶기도 했고요.

그래서 육아에 정석이 있으면 좋겠다는
말이 이해되었습니다.
그러면서 한편으로는 그런 책이 있다면
정말 위험할 거라는 생각도 들었어요.

신생아였던 제 아이가
하루 종일 자지 않고 예민했지만
그렇다고 비정상이라고, 정석이 아니라고 말하기도

어려운 거 아니겠어요?

수학은 딱 떨어지는 답이 있지만

육아는 그런 답이 없거든요.

영어책 1년 안에 1000권을 읽어야 한다.

다섯 살 아이는 낮잠을 자면 안 된다.

3학년에 분수 덧셈은 몇 초 안에 풀어야 한다.

4학년에 줄넘기 2단 뛰기는 30번 하는 것이 정상이다.

이런 식의 정석이 있다면 소름 끼치잖아요.

그래서

심각하게 문제가 되는 것들만 알려주는 책이

제대로 된 육아책이라고 생각해요.

1년에 4cm 이하로 성장한다거나

밤새 거의 한잠도 못 잔다거나

몇 살 이상인데 몇 단어 이상 하지 못한다거나

검사가 필요한 그런 경우를 제외하고는

그냥 보라는 거죠.

아이들은 참으로 다양하게 자라니까요.

소수점 고민까지 정확하게 해결해주는
책이나 육아 도우미가 있다면 편하겠지만
그건 무서운 생각입니다.
아이는 수학 문제가 아니니까요.
답을 몰라 헤매는 이 과정이
육아예요.

너를 이렇게 키웠지.
네가 이렇게 자랐지.
스토리를 만들어 가는 게
육아입니다.

정석 책은 없지만
하나의 독특한 인간이라는
멋진 작품은
그렇게 만들어지는 거랍니다.

눈맞춤

'눈맞춤' 하면 러블리한 상황이 떠오르죠?

사랑하는 연인 간의 눈맞춤.

마음이 통하는 사람과의 무언의 대화.

그런데 아이를 혼낼 때는 다른 상황이 연출돼요.

아이가 눈을 내리깔고 있으면 소리 높여 외치죠.

"엄마 눈 똑바로 봐. 어딜 딴 데 봐?"

그런데 아이가 빤히 눈을 쳐다보면

또 이런 말을 해요.

"어딜 눈 똑바로 뜨고 쳐다봐? 눈 깔아!"

대체 어쩌라는 걸까요?

어른들은 왜 눈을 보아도, 보지 않아도

화를 내는 걸까요?

저도 어릴 때 어떻게 해야 할지 몰라

10초쯤 쳐다보다 내리깔다

번갈아 해본 적도 있어요.

엄마가 되어 보니 조금은 알겠더라고요.

아이에게 꼭 전달되길 바라는 말을 할 때는

그 말이 날아가지 않게 나를 봐주었으면 하다가

눈 딱 맞추고 쳐다보면 도전하는가 싶어

움찔했던 것 같아요.

아이가 고개를 숙이고 있다면

반성하는 중이거나, 딱히 할 말이 없거나

이 훈계가 지겨운 것일 테고

빤히 쳐다보고 있다면

부당하다고 느끼거나

할 말은 많지만 참는 중이거나

(정말 순진하게)

엄마가 보라니까 보는 것일 겁니다.

그래서 결론은 뭐냐고요?

아이가 쳐다보든 말든 상관없이

내가 전하고 싶은 말을 조리 있게

잘 설명하라는 거예요.

훈계를 길게 하지도 말고요.

심각한 문제일수록

따뜻한 시선이 필요해요.

눈을 맞추어도 주눅들지 않게…

이건 제가 잘해서 하는 말이 아니라

다 키운 뒤의 반성입니다.

눈맞춤은 사랑스럽게 바라보는 걸

원칙으로 하자고요.

몇 년 차

알고 지낸 지 십수 년이 되어도
그냥 '지인'인 경우가 있죠.
만난 지 반년 되었는데
'친구'가 되는 사람도 있어요.
관계가 얼마나 깊이 들어갔는지
관심을 두는지에 따라
알기 시작한 시점과 상관없이
지인이 되기도, 친구가 되기도 합니다.

"엄마표 영어 2년 차에요. 3년 차에요.

그런데 아직도 제자리걸음이고, 하다 말다 그래요."

"하루에 영어책 한 권이라도 읽어주려고 노력은 해요."

라고 말한다면, 친구라 할 수 있을까요?

그냥 지인 수준이지요.

오히려 6개월밖에 안 되었더라도

매일 일정 시간 영어에 노출시키고

"매일 영어책을 서너 권씩 읽어주어요."라고 하는 쪽이

엄마표 영어와 친구가 된 것이겠죠.

"엄마표 영어 몇 년 차에요?" 대신

이렇게 묻겠어요.

"당신은 엄마표 영어와 친구인가요?"

권위 있는 부모

권위

1. 남을 지휘하거나 통솔하여 따르게 하는 힘

2. 일정한 분야에서 사회적으로 인정받고
   영향력을 끼칠 수 있는 위신

퇴근해서 들어왔는데

아무도 반겨주지도, 인사하지도 않는다면

아빠는 섭섭하겠죠.

"가정교육을 어떻게 시킨 거야?"

"아빠가 왔으면 인사를 해야지!"

화를 낼 수도 있어요.

딱딱한 찬밥을 홀로 먹는 엄마를 보고도
다른 가족들이 포슬포슬 따뜻한 새 밥을 먹는다면
"어떻게 엄마가 딱딱한 밥을 먹는데 아무도 관심을 안 줘?"
섭섭하겠죠.
부모의 권위가 땅에 떨어진 것 같은 위기감도 듭니다.

학교 다닐 때, 몽둥이를 들고 다니며
맘에 안 드는 아이들을
사정없이 패는 선생님이 있었어요.
모두 그 선생님의 말을 듣는 척했지만
그 선생님은 아이들 사이에서 '미친개'로 통했어요.

어떤 선생님은 눈빛으로 장풍을 쏴요.
말투, 눈초리가 무서워 서늘함이 느껴졌어요.
별명이 '드라큘라'였죠.
모두 그 선생님 말을 잘 들었지만

가까이 다가가지 않았어요.

바보인가 싶을 만큼 잘 웃고, 잘 들어주고,
"너는 잘 될 거야. 나는 꼭 그런 생각이 들어."라고
해주던 선생님도 있었어요.
나쁜 짓을 하다가 그 선생님께 들키면
그렇게 부끄러울 수가 없는 거예요.
저절로 "저 진짜 잘할게요, 선생님." 하게 만들었어요.

권위는
미친개처럼 몽둥이를 든다고 해서
차갑게 합리적이기만 하다고 해서
생기는 건 아니에요.
'남을 지휘하거나 통솔해서 따르게 하는 힘'
'인정받고 영향력을 끼칠 수 있는 위신'은
부드러운 솔선수범에서 나온다고 생각합니다.

아빠가 집에 들어오는 아이들을 먼저 맞이해 주세요.

엄마가 찬밥을 혼자 먹지 말고 나누세요.

아이들이 이렇게 되었으면 좋겠다 하는 그 모습대로

엄마, 아빠가 실천하면 됩니다.

어쩌다 귀찮아서

딱 한 숟가락 남은 찬밥을

제 밥그릇에 담았더니

아이들과 남편이 발끈하네요.

그걸 왜 혼자 먹냐며

제 권위를 세워줍니다.

그래서 저는 찬밥 한 숟가락을

4분의 1씩 나누어 담습니다.

귀찮지만 권위 있게 말이죠.

젊은 꼰대

아파트 놀이터에서 큰 소리로 떠드는 아이에게
"여기가 너희 집 안방이야? 너 여기 사는 애니?" 묻는 어른.
쓰레기를 휙 던지고 가는 아이 붙잡아 세우고
"야, 이거 주워. 엄마한테 그렇게 배웠니?" 따지는 어른.

이러지 맙시다.
내 아이나 남의 아이나 인격이 있어요.
메시지도 중요하지만 전달 방식도 중요합니다.
'내가 너보다 어른이야, 내가 아는 게 더 많아'
하는 마음으로는 아무것도 바꾸지 못해요.

바르게 가르치고 싶다면

어른을 대하듯 예의를 보여주세요.

"조금만 목소리를 낮춰주면 고맙겠어요."라거나

"쓰레기통에 버리는 거 깜빡했구나." 하면서 주워주면

아이들은 대부분 온순하게 받아들입니다.

인격을 가진 존재로 대우하면, 아이들도 어른을 존중해요.

나이가 많은 사람만 꼰대가 아니에요.

타인을 내려다보는 마음이 꼰대를 만듭니다.

점잖은 훈계가 모두에게 먹히지 않을 수는 있지만

꼰대의 훈계는 아무에게도 먹히지 않습니다.

어릴 적 생각이 나네요.

함부로 단정 짓고 불쾌하게 가르치려 드는 어른을 보고

뒤돌아서서 '웃기고 있네!' 했던 기억이 납니다.

제가 버릇없는 아이는 아니었어요.

무례했던 건 예나 지금이나

그들입니다.

선택

불안감을 주는

죄책감을 주는

조급함을 주는

좌절감을 주는

시도하게 만들고선 포기하게 만드는

아이와 싸우게 만드는

특별한 척하는

멀리 보지 못하는

서평단이 지나치게 많은

그런 책이나 유튜브는

별로 보고 싶지 않아요.

자녀교육서라고, 베스트셀러라고

인플루언서라고

다 훌륭하지는 않습니다.

잘 선택하는 것도

읽고 필요한 부분만

잘 가려내는 것도

엄마의 메타인지

지혜입니다.

친자 확인법

친자 확인법이라는

요즘 우스갯소리로 떠도는 말이 있죠?

가르치다가 빡치면 친자식이라나요.

처음에는 공감했어요.

아이 가르치면서 욱하고 올라와

머리꼭지가 돌아본 경험이 있으니까요.

그런데 그 표현을 몇 번 접하다 보니

기분이 안 좋은 거예요.

왜 기분이 나쁘지?

곰곰이 생각해 보았어요.

두 가지 이유 때문이었어요.

첫 번째는

새엄마, 새아빠, 양부모, 위탁부모에 대한

배려가 없는 표현인 것 같아서예요.

그런 말이 유행하면 혈연으로 맺어지지 않은

부모의 진심은 무엇이 되는 걸까요?

나이로 물어봐도 되는데

(나이도 왜 물어보는지 모르겠지만)

굳이 학번으로 묻는 사람들이 있어요.

모두 대학을 나왔다는 생각이 깔린 것이죠.

편견과 차별은 그렇게 무의식적일 때 무섭습니다.

생각보다 훨씬 더 많은 가정이 친부모와 살고 있지 않고

친자식을 키우고 있지 않다는 걸 잊지 않았으면 해요.

두 번째는

아이에게 욱하고 화내는 행위를

정당화하는 표현이어서예요.

"나는 친엄마라 너를 진짜로 사랑하니까

화가 날 수 있어."라며

'친자 확인법'이라는 말로 위안을 삼는 거죠.

가르칠 때 욱 올라오는 건

아이가 친자여서가 아니고요.

그냥 내가 인격 수양이 덜 되어서 그런 거예요.

그러니 심호흡하고

이해를 못 하니까 아이인 거지

내가 설명을 잘못했나, 반성하면서

차분히 가르쳐주세요.

그랬는데도 아이가 이해를 못 하면

차라리 내일 하세요.

좀 더 수양하고

좀 더 공부하고….

긍정 대화 강화

좋은 일이 생겼을 때 연락하는 친구가 있고

투덜거리고 싶을 때 연락하는 친구가 있고

하소연하고 싶을 때 자주 눌러지는 번호가 있죠.

내가 사람을 나누는 것일 수도 있지만

상대의 반응 때문일 수도 있다는 생각이 들어요.

너무 기뻐서 연락했는데 그저 그런 반응을 보인다면

그 친구한테는 축하받고 싶을 때 연락하지 않게 됩니다.

누군가의 흥을 보았는데 맞장구를 치며

욕을 보태는 친구가 있다면

흥보고 싶은 사람이 생겼을 때 그 친구가 떠오르겠지요.
'왜 나에게는 사람들이 우울한 이야기만 하는 거지?'
라는 생각이 든다면, 내가 잘 들어주었기 때문이에요.

마찬가지로 어떤 종류의 말을 잘 들어주는가에 따라서
아이가 부모에게 하는 말도 달라집니다.
유치원이나 학교에서 돌아와 친구와 싸운 일
친구 때문에 속상했던 일
선생님 때문에 화가 난 일 등을 말하면
엄마가 아주 적극적인 자세로 들어주잖아요.
큰일이 난 것처럼 집중해서 듣고
질문도 하고 조언도 해줍니다.
이후에 어떻게 되었는지도 물어보고요.
그런데 친구와 사이좋게 놀았던 일
어떤 과목이 재미있었다는 말
점심밥이 맛있었다는 말에는
그냥 흘려 넘기곤 합니다.

엄마가 주로 부정적인 사건들에 귀 쫑긋 잘 들어주었다면

아이는 엄마에게 이야기해주기 위해

그런 것들을 더 잘 기억할 거예요.

엄마가 반응을 잘 해주니까요.

별거 아니어도 긍정적인 일에

눈 반짝, 귀 쫑긋 들어주었으면 좋겠어요.

"그래? 그 친구는 이름이 뭐야? 대화가 잘 통했나 보네."

"좋은 친구를 알게 되어 진짜 좋다."

"그 수업이 좋았어? 우리 ○○가 그쪽으로 관심이 많구나."

"무슨 반찬이 나왔는데? 엄마도 만들어줄까?"

그러면 엄마에게 하고픈 말을 생각하면서

긍정적인 것을 더 오래 생각하지 않을까요?

아직 대화 상대라고는 엄마가 전부인 아이.

엄마에게 하고 싶은 이야기에 긍정이 가득하도록

같이 즐거워하고, 같이 기뻐하고, 궁금해 해주세요.

재잘재잘 귀엽잖아요.

✳ 녹기 전에

낮에 책을 빌리러 나갔다
갑작스러운 함박눈을 맞이했어요.
출발할 때는 한두 송이 내리더니
이내 펑펑 쏟아지더군요.
책을 빌려서 나올 때는
길이 하얗게 변해 있었어요.
정말 순식간이었죠.

눈이 쌓이는 건
눈이 녹는 속도보다 더 빨리

눈 위로 다른 눈송이가 올라타기 때문이에요.

한글 떼기도, 영어책 읽기도
시험공부도, 독서도, 줄넘기도
녹기 전에 계속 올라타야 해요.
하루이틀 하고선 내리 3일 쉬고
그런 식이면
계속하는 것 같아도
쌓이기는 어렵지요.

전에 읽다가만 영어책이 있는데
그때는 며칠에 한 번씩 두세 페이지를 읽으니
펼칠 때마다 앞의 내용이 생각이 안 나더라고요.
재미가 쌓이기 어려웠죠.
그 책을 지금 다시 읽고 있는데
조금씩이지만 매일 읽어요.
그러니 내용이 연결되면서 재미도 쌓이더라고요.
눈이 쌓이는 것처럼요.

눈이 쌓여야

눈썰매도 타고, 눈싸움도 하고, 눈사람도 만들죠.

쌓이려면

녹기 전에 올라타야 함을

자연을 통해

또 확인합니다.

쓸 만한 책

큰아이 유치원 때 같은 반 엄마가

자꾸만 집에 놀러 오고 싶다는 거예요.

계속 거절할 수가 없어 집으로 데리고 왔는데

집에 들어서자마자 책장 검사를 하는 겁니다.

그러더니 이내 '영업'이 시작되더라고요.

그 엄마가 ○○출판사 영업사원이었던 거죠.

"이 집에는 책은 많은데 쓸 만한 책이 없네요.

책에도 좋은 것이 있어요.

지금부터 백과사전을 읽어 버릇해야 해요.

우리 아이는 매일 백과사전을 읽고 베껴 쓴답니다."
라면서 말이죠.

쓸 만한 책이 없다는 말에 기분이 확 나빠졌죠.
집에는 주로 저렴한 전집이나 중고로 물려받은 책들
서점에서 한두 권씩 보고 사 왔던
단행본들이 있었거든요.
다 재미있게 읽었고 해로운 책 하나 없는데
유명 출판사의 비싼 선집이 아니면
쓸 만한 책이 아니란 말인가요?

하나씩 골라오는 단행본이 얼마나 재미있는데요.
그리고 백과사전은 궁금할 때 찾아보는 책이지
매일 한 장씩 공부하는 책은 아니라고 생각했어요.
그럴 나이도 아니고요.
도서관의 장점과 단행본의 우수성을 설명하면서
저의 영업을 마쳤습니다.

그 출판사 책은

나무랄 데 없이 좋은 책들이고

그 엄마도 한창 교육열이

불타오를 때였으니 이해합니다.

그렇지만 명품 옷을 입는다고

사람이 명품이 되는 게 아니듯

고가의 책을 읽는다고

아이가 고급스러워지는 건 아니잖아요.

책장에 책만 가득하면 뭐 해요.

읽어주고, 읽는다면

쓸 만하지 않은 책은 없어요.

그녀가 말한 쓸 만하지 않은 책들로

재미나게 읽고, 읽어주고

저희 애들 쓸 만하게

잘만 컸답니다.

지금 당장이 아니면 어때

좋게 말하면 신중하고 나쁘게 말하면 겁이 많은 큰딸.
안전한 것을 추구하는 아이라서 그런지
두발자전거 타는 일이 그렇게도 어려웠답니다.
보조 바퀴 떼고 달리는 친구의 동생을 부러워하면서도
1학년에도, 2학년에도, 3학년에도 겁을 냈지요.
두 바퀴로 달리고 싶은 마음 반, 넘어질까 무서운 마음 반.
아니 49대 51이었을 거예요.

4학년이 되어서야
이제는 정말 안되겠다는 생각이 들었는지

두발자전거에 도전하겠다고 했어요.

남편은 일부러 작은 자전거를 중고로 사주었습니다.

언제든 다리가 땅에 닿을 수 있다면 무섭지 않을 테니까요.

저학년 자전거라고 부끄러운 건 한순간이죠.

보조 바퀴를 뗄 수 있다면 그 한순간이 뭐가 대수겠어요.

그렇게 딱 반나절 만에 보조 바퀴를 뗐습니다.

4학년에서야 두발자전거를 타게 되었지만

아이는 고등학교 때도 가끔 자전거로 통학을 했고

지금도 대학 교정을 자전거로 활보합니다.

지금 당장이 아니면 어때요.

조금 늦으면 어때요.

봄바람에 머리카락 휘날리며 강의실을 향해

자전거 바퀴를 굴리는 아이가 되었는걸요.

조금 늦어도 안전하게

조금 늦어도 본인이 원해서

그래야 오래도록 진짜 내 것이 됩니다.

맘에 들지 않는 성격

이 세상은 다양한 사람들이 모여 살고 있어요.

모두 똑같은 성격을 가졌다면 어떨까요?

모두가 활발하거나, 모두가 신중하거나

모두가 적극적이거나, 모두가 호기심쟁이라면

그 나라, 그 집단은 반드시 망하고 말 거예요.

아이는 나와 다르죠.

내가 원하는 성격이 아닐 수 있죠.

내가 원하는 성격이 아니라 속상할 수 있죠.

그런데 그건 내 문제에요.

속상하고 괴롭다면

아이를 바꾸려 하지 말고

마음을 다스리는 게 나아요.

내 성격의 모난 부분도

이 나이가 되도록

어쩌지 못하고 있잖아요?

그런데 어떻게

아이 성격을 바꾸겠어요.

아이가 크고 보니

맘에 들지 않았던, 바로 그 성격에서

본받을 점이 보여요.

가끔은 아이와 다른 내 성격이

오히려 부끄러울 때도 있어요.

기준이 '나'여서 속상한 것이지

아이는 아무 문제없습니다.

집에서 새는 바가지

엄마에게 전화가 오면 말도 막 잘라먹고
퉁명스럽게 대답하거나 짜증을 내기도 합니다.
나이를 이렇게 먹었어도 엄마랑 이야기할 때는
사회화되지 않았던 시절의 저로 돌아가요.
날것의 제가 튀어나와요.
이런 식으로 다른 사람들을 대했다가는
욕먹겠다 싶지요.

그런데 제가 어디 가서 그러지는 않습니다.
엄마, 아빠가 늘 일러주신 대로

남의 말 잘 듣고, 차분하게 설명하고

도울 수 있을 때 돕고

나쁜 말보다 좋은 말 하려고 노력합니다.

집에서 새는 바가지 바깥에서도 샌다고

아이가 집에서 보이는 행동을

바깥에서도 할까 봐 걱정이 한가득이지요.

물론 어릴 때는 집에서나 바깥에서나

다를 바 없이 행동하겠지만

바른 행동을 알려준다면

아이는 바깥에서는 바르게 행동할 겁니다.

아주 심한 행동은 반드시 걸고 넘어가야겠지만

소소한 것들은 내 앞이라 그런 거겠거니

생각해도 된다는 거예요.

대신 바른 길이 무엇인지

늘 보여주고 이야기해야겠지요.

알아야 잘할 테니까요.

안에서 새는 바가지 바깥에서도 샐 거라

단정 지으면 안 돼요.

나가서 잘하면 되죠.

별 거 아닌 걸로 엄마에게 버럭 하고 나니

내 알맹이는 이렇구나, 쓴웃음이 나왔어요.

그래도 엄마 아빠 덕분에

이렇게 사람 노릇 하며 사는 것 같아 감사했습니다.

바깥에서는 안 샌다고요.

너무 걱정하지 마세요.

잘 클 겁니다.

아이의 독립

제가 처음 시도한 독립은

아마도 머리 묶기였던 거 같아요.

엄마가 묶어주는 머리가

불편하고 맘에 들지 않았어요.

기술이 필요한 화려한 땋기가 아니라

그냥 하나로 질끈 동여 묶는 것인데도 그랬어요.

초1, 머리 묶기 독립이 시작되었죠.

"내가 하는 게 더 편하고 짱짱하고 맘에 들어."

그 말이 어쩌면 엄마에겐 상처였을지도 몰라요.

그래도 엄마에게 내 머리를 내어주지 않았어요.

그다음은 옷이었어요.

하나밖에 없는 딸이라

엄마는 예쁜 옷을 입히고 싶었을 거예요.

가끔 우리 형편에 과한 옷이라며

한 벌씩 사 오시곤 했는데

저는 영 마음에 들지 않더라고요.

선머슴처럼 펄떡펄떡 뛰어다녔던 저는

그런 얌전하고 불편한 옷은 입고 싶지 않았어요.

색도 어찌나 튀는지, 절대 튀고 싶지 않았거든요.

옷 보는 눈이 없다고 타박도 많이 받았어요.

제가 옷을 사면, 이런 옷을 왜 샀느냐고

이건 이래서 안 좋고

저건 저래서 못쓸 옷이라 그러셨지요.

그러다 보니 옷을 사기가 싫어졌어요.

있는 옷이나 입고, 없으면 오빠 옷을 입고

신체 보호용으로만 옷을 입고 다녔답니다.

아이가 독립을 원할 때는

미덥지 않아도 조금 지켜봐 주면 좋겠어요.

미숙하면 어때요.

어릴 때 미숙하게 여러 번 실수해 봐야

점점 보는 눈도 생기고 노하우도 생기지요.

작은 것부터 아이의 독립을 인정하지 않으면

성인이 되어서도 자신을 믿지 못해요.

저는 지금도 옷을 고르는 게 어렵고 자신이 없어요.

덕분에 딸들은 별별 옷을 골라가며

후회와 실패를 통해 안목을 높이고 있답니다.

입어 보다가, 실패하다가 아이 스스로 알게 돼요.

"이건 목이 늘어나."

"이건 빨면 줄어드는 거야."

"이건 다른 옷들과 색 맞추기가 어려워."

"이건 뚱뚱해 보여."

독립은 아주 어릴 때부터, 아주 작은 것부터 시작해요.

먼 훗날의 이야기가 아니랍니다.

알고 나면 달라지는 것

작은 산이 둘러싸고 있는

이 마을 아파트로 이사 온 뒤로

여름밤마다 나타나는 미친놈 때문에 짜증이 났어요.

창문을 열어놓아서 더 잘 들렸던 건지

그놈이 여름마다 이 동네로 술 마시러 원정을 오는 건지

한밤중에 악! 악! 괴성을 질러대며

산책로를 따라 걷는 겁니다.

소리가 멀어졌다가 돌아오기도 하고

한동안 머물기도 하고….

경찰에 신고를 해야 하나 몇 번이나 망설였지요.

잠귀가 밝은 저는 몇 초 간격으로 들리는

'악!' 괴성이 들리면

"저 미친 인간이 또 왔네. 대체 여름마다 왜 저러는 거야."

더운데도 창문을 닫았어요.

그러기를 몇 년.

어느 날 큰딸이 후다닥 방에서 뛰어나오더니

"엄마, 그 미친놈 누군지 알아냈어!" 그러는 겁니다.

"네가 아는 사람이야? 대체 누구야?"

그랬더니 핸드폰 화면을 보여주는 거예요.

범인은 바로 '고라니'였어요.

아이고…

알고 나니 얼마나 웃기던지요.

온 가족이 배를 잡고 웃었어요.

이렇게 예쁜 고라니를 미친놈이라 오해해서 미안했고

고라니가 살고 있는 산 옆에 살고 있다는 사실에

갑자기 기분이 좋아졌죠.

주변에 막 자랑도 해요.

우리 마을에 고라니가 산다고.

이제는 악! 괴성이 들려와도

'고라니 왔구나~' 미소가 지어집니다.

달라진 건 없는데 정체가 '고라니'라는 사실을

아는 것만으로도 제 수면의 질은 달라졌어요.

마찬가지로

아이의 발달 단계를 제대로 아는 것만으로도

육아의 질이 달라질 수 있답니다.

나를 괴롭히기 위함이 아니라

아이가 그 연령대에 당연히 하는 행동이고

잘 자라는 중임을 알기만 해도

마음이 편해집니다.

모르면 욕이 나오지만

알면 미소가 나옵니다.

숙면을 취할 수는 없어도

괴롭지 않은 여름밤처럼 말입니다.

꼭 그래야만 했나요

사람들 많은 곳에서

소리를 지르고 혼을 내면

아이는 쥐구멍에라도 들어가고 싶을 거예요.

부모는 그걸 노린 걸 수도 있죠.

망신을 당하면, 부끄러우면

말을 잘 들을 거라 생각했을 수도 있고

주변 어른들을 일종의 동지로 만들어

꼼짝 못 하게 하려는 것일 수도 있고

아니면 그 순간 격한 감정에 꽂혀

주변이 몽땅 블러 처리되었는지도 모르죠.

어릴 때를 떠올려 보면

그때 제가 느낀 감정은

엄마 말을 잘 들어야겠다가 아니라

'너무 창피하다'였어요.

버려진 것 같고, 자존감이란 단어를 모르면서도

자존감이 바닥을 치던 기분.

그러면서도 엄마를 따라갈 수밖에 없는 치사함.

이제는 어른이 되어

그런 부모들을 보게 됩니다.

엘리베이터에서 주눅든 표정으로 서 있는 아이를

확 밀치며 짜증을 내거나

누가 보건 말건 도로에서 삿대질을 하며

소리를 지르는 엄마.

아이를 바닥에 패대기치는 아빠.

신고를 할까 말까 갈등하면서

그걸 보는 내 마음이

무척 불편하다는 걸 깨닫습니다.

아이에게 감정 이입되어

너무 창피하고 부끄럽고

죽고 싶은 마음이 드는 거예요.

한 사람이에요.

아이는.

순간 화가 치솟았을 뿐

아이를 학대하려던 것은 아니겠지만

그러나 아이는 순간순간 학대당합니다.

훈육은 아이와 나 둘 사이에서 일어나는 일이에요.

집에서조차 눈높이 맞춰 해야 하는 일입니다.

어떤 사유였든

얼마나 화가 났든

열린 공간에서 타인이 그 내용을

들어야 할 이유는 없습니다.

아이가 그런 감정을 느껴야 할
이유도 없습니다.

아이를 훈육하기 전에
자신의 감정 통제가 먼저랍니다.
꼭 그래야만 하는지
한 번만 생각해 봐주세요.

행위가 아닌 존재로

아내와 자식에게

돈 벌어오는 '행위'로만

생색을 내는 아빠가 있나요?

나는 돈 벌어오니 집안일은 네가 해.

나는 돈 벌어오니 내 말을 들어.

나는 돈 벌어오니 귀찮은 일은 안 할 거야.

그런 식의 말과 행동은

돈을 벌어오지 못하는 순간

자신은 가치 없는 존재라는 걸

스스로 인정하는 겁니다.
자신의 위치를 스스로 정의한 거죠.

아빠라는, 남편이라는 '존재'로 인정받아야 해요.
그러면 혹시 돈을 벌어오지 못해도
병이 들어 가족에게 수발을 받아야 하는 때에도
관계가 유지될 수 있습니다.

존재감 있는 아빠가 되려면
가족과 이야기를 나누고
아이에게 책을 읽어주고
아내와 산책하러 나가고
같이 영화를 보는 등
감정 교류가 있어야 합니다.

어느 날 갑자기
애틋한 감정이 생기지는 않아요.
감정 교류 없이 의무감만으로 자리를 채우면

나중에 형식적인 대우를 해줄지 몰라도
사랑과 감사와 존경을 주지는 않을 겁니다.

그때의 외로움은 본인 몫이 되겠지요.
돈 벌어오는 행위로 누릴 수 있는
편안함은 오래가지 않습니다.

아빠는
사랑이어야 합니다.

* 공부 못하는 게
죄는 아니잖아요

〈스카이캐슬〉에서 쓰앵님이 무서웠던 이유는
아이의 마음을 끌어냈기 때문입니다.
나보다 더 나의 주인이 되고 싶어 했던
엄마에게 복수하는 최고의 방법은
나를 망가뜨리는 거라고 알려준 거죠.

공부를 못하는 게 죄가 아닌데
공부 못하는 죄로
온갖 말과 눈빛으로 욕을 얻어먹다 보면
아이는 자신이 망가지는 걸 즐기게 돼요.

시험을 망쳐도 자신의 앞날에 대한 걱정보다
엄마의 반응에 더 신경쓰게 되는 거지요.
분노하며 어쩔 줄 몰라 하는 엄마를 보며
'꼬시다'라고 했던
어느 학생의 글이 안타까웠어요.

방학이에요.
집에서 아이와 보내는 시간이 많고
가르치다가 분노가 올라오더라도
'공부 못하는 게 죄는 아니다'
'너의 인생은 너의 것이다'
자꾸 되뇌었으면 해요.
적어도 '꼬시다'는 쾌감을 느끼기 위해
막 살면 안 되는 거잖아요.

공부를 못하는 건 죄가 아니죠.
어느 정도는 '특징'이라고 보는 게
맞을 겁니다.

답답한 게 아니라

기대

두 아이 모두

제가 근무할 때였기 때문에

S대학병원에서 태어났습니다.

지금은 어떤지 모르겠지만

당시에는 다른 병원과 다르게

아이 성별을 가르쳐주지 않았어요.

알려고 했다면

개인 병원에 가서 초음파를 보아도 되었을 텐데

별로 그러고 싶지 않더라고요.

아들인지 딸인지가

뭐 그리 중요할까 싶어서요.

건강하게만 태어나면 좋겠다 생각했고

태어났을 때 성별을 알게 된다면

더 설렐 것 같았어요.

그래서 아기용품도

성별 상관없이 준비했어요.

알 수 없다는 건 기대인 것 같아요.

아이의 진로나 미래도 알 수 없죠.

딱 정해져 있으면 좋을 텐데

그러면 뭔가 준비하고 채비를 할 수 있을 텐데

막연하고 막막하니 답답하다고 생각할 수 있어요.

그러나 저의 출산 준비가

딸 또는 아들을 위한 것이 아니라

아기를 맞이할 준비였던 것처럼

아이의 진로도 마찬가지겠지요.

특정 직업, 진로만을 위한 준비가 아니라
좋은 어른으로 가는 준비가 될 것이고
언젠가는 딱 맞는 무언가를
찾을 수 있지 않을까요?

"각도법 좀 봐주세요." 하며
아이 성별을 궁금해 하는 엄마들을 보며
응애, 응애 울음소리와 함께
딸이란 걸 알게 된
우리 아이들과의 첫 만남이
생각났네요.

병 아니고 시기

'나가요 병'이라고
'아니야 병'이라고
'중2병'이라고 말들 하죠.

병 아니고 '시기'에요.
병은 고쳐야 할 무엇이잖아요.
세상을 탐험하고 싶어 하는 아이를 보고
왜 병에 걸렸다고 하나요?
왜 '아니야'를 병으로 보나요?
부모의 간섭에서 벗어나

스스로 서고 싶어 하는 아이가
환자인가요?

말이 얼마나 중요한데요.
'병'이라 부르고 비정상으로 보면
매 순간 엄마 마음도 지옥입니다.
그냥 지나가는 '시기'에요.
'아니야 아니야' 시기.
'내가 내가' 시기.
'나가요' 시기.
'중2' 시기.

마음대로 병이라고 진단하며
의사 노릇 하려니 머리가 아프죠.
병 아니에요.
고치지 않아도
다 지나가요.

가르쳐야 하는 건

아이들에게 집안일을

많이 시키지 않아요.

의무적으로 시키는 것도 없고

해봐야 한다고 강요하지도 않아요.

아이들은 지금

본인들이 해야 하는 과업을 위해

사력을 다하고 있거든요.

물론 어떻게 하는지 가르쳐주기는 해요.

가끔 시켜보기도 하고요.

특히 제가 아프거나 집에 없을 때는

아이들도 기꺼이 합니다.

아마 제가 바깥일이 많지 않아서 그런 것 같아요.

벌써부터 아들을 단단히 준비시키는

멋진 예비 시어머니들도 있어요.

내 며느리는 나와 같지 않았으면

좋겠다는 생각이지요.

그러나 할 줄 아는 것, 해오던 것이

'하게' 만들지는 않는다는 거예요.

요리사가 집에서는

절대 요리하지 않을 수도 있고

청소 박사도 아내가 있는 집에서는

손 하나 까딱하지 않을 수도 있으니까요.

집안일을 가르치는 것보다

더 중요한 것은

상대를 배려하는 태도

제대로 된 소통 방법이 아닐까 해요.

내가 한 번도 안 해봐서 잘 모르지만

배워서라도 할게, 하는 마음가짐.

이건 나도 귀찮지만

당신이 가장 싫어하는 일이니까

내가 할게, 하는 배려.

할 수 있다는 자신감과 도전 정신

그런 것을 가르치고 싶어요.

비단 아들에게만 해당하는 건 아니고요.

저는 딸만 있지만 마찬가지라고 생각해요.

배우면서 살면 되죠.

빗자루질, 걸레질 열심히 가르쳐도

로봇청소기 나오면

소용없잖아요.

제로잉을 해요

환자의 동맥혈압이나 중심정맥압은
중환자실에서 수시로 확인해야 하는
지표들이었습니다.
점점 높아지거나 지나치게 높으면
얼른 조치를 취해야 하는 것이었죠.

왜 이렇게 혈압이 높지?
왜 이렇게 중심정맥압이 높지?
그럴 때 바로 의사를 부르지는 않아요.
그 전에 먼저 해야 하는 것은

제로잉(zeroing)입니다.

zero 기준에 맞게 설정되어 있는지

확인하는 거예요.

환자 상태는 그대로인데

제로 기준점이 달라지면서

착각하게 되는 경우가 종종 있거든요.

동맥혈압은 수액 줄에 달린 빨간 끈을

우심방 위치에 놓고 쏙 잡아당기면

제로잉이 됩니다.

환자 쪽을 막고 대기압과 기준을 맞추는 거예요.

돼지 꼬리 당긴다는 표현을 쓰기도 했어요.

중심정맥압을 제로잉 하려면

수평으로 재기 위해

환자 침대를 평평하게 내려야 합니다.

그리 길지 않은 시간들이지만 꼭 필요한 것이었죠.

아이가 여느 때와 같이 잘못을 하거나

평소와 같이 칭얼거렸는데

어떤 날은 아이에게 불같이 화를 내고

어떤 날은 너그럽게 봐준다면

내 마음의 제로 위치가 변했다는 뜻일 겁니다.

제로잉을 제대로 하지 않으면

환자에게 잘못된 처방이 내려질 수 있는 것처럼

내 마음의 제로잉을 제대로 하지 않으면

아이에게 잘못된 훈육을 할 수 있어요.

아이는 안전하다.

아이는 가르치면 변할 것이다.

아이와 나는 한 팀이다.

내가 아이의 안전지대다.

…….

이런 식의 나만의 제로잉 기준이 있었으면 해요.

아이 쪽을 잠시 막고, 올바른 양육에 기준을 맞추는 거죠.

내 마음의 돼지 꼬리

다들 가지고 계시죠?

결국 다 하게 되어 있다

여태 사탕 안 먹이려고 얼마나 노력했는데
어린이집에서 사탕을 받아왔지 뭐예요.
아이는 자기가 받아왔으니 먹겠다고 떼를 써요.
어찌나 화가 나던지요.
여태 나의 노력이 물거품이 된 거 같아 화가 났어요.
어떻게 사탕을 줄 수가 있죠?

다섯 살까지는 미디어에 노출시키지 않으려고
보고 싶은 드라마가 있어도 참고 안 봤어요.
그런데 어머님만 오시면

TV를 엄청 크게 틀어놓으세요.

몇 번 부탁을 드렸는데도 괜찮다며 그냥 보세요.

저는 아이가 지금 나이에 TV 보는 게 너무 싫어요.

음. 그럴 수 있죠.

나름의 육아 가치관이 있고

그걸 지키기 위해 힘들어도 꾹 참아왔는데

한순간에 물거품으로 만들어버리는 타인에게

화가 나는 건 당연합니다.

그럴 때는 '무조건', '절대'라고 정하기보다

'가능하면', '최대한'이라고 생각하면

무너지는 순간에 스트레스를

조금 덜 받을 수 있을 거예요.

왜냐하면

결국 다 하게 되어 있거든요.

언젠가는 결국

콜라도, 아이스크림도, 사탕도 먹을 거고

TV도, 유튜브도, 음…

야동도 보게 되겠죠.

그러면 나의 육아 원칙이 무슨 소용이냐고요?

아마 아이도 알 거예요. 누가 주 양육자인지.

그것이 원칙 외의 것임을 알고 있을 거예요.

특수한 상황이라 허락하는 것이니

다른 때는 떼쓰지 말라고

잘 말해주세요.

사탕 늦게 먹이면 좋죠.

TV 늦게 보여주면 좋죠.

그러니 최대한, 가능하면 멀리

거리를 두도록 하세요.

그러나 영원히 안 되는 것이 아니니

그것이 깨졌다고

과도한 스트레스를 받지는 말자고요.

'결국 다 하게 되어 있다'

세 번만 마음속으로 속삭이세요.

근데 그거 아세요?
어떤 원칙이더라도
엄마 자신에 의해 깨졌을 때는
과도하게 화내지 않는다는 걸요.
결국 무엇이 깨진 것에 대한 분노보다는
그것을 깨뜨린 게
내가 아니라는 것에 대한 분노가
더 큰 거였을 겁니다.

스승의 날

스승의 날이 선물의 날이 되지 않게 하려고

자체 휴교를 하고

김영란법을 만들고

돌려보내고, 공지를 띄우고…

별짓을 다 해도

선물을 보내야 하는 거 아닌가

고민하는 엄마들이 있어요.

또한 사립 시설은 법에 걸리지 않으니

괜찮다는 암시를 주는 선생님도 있고

법에 걸리지 않으니 뭐라도 해야 한다는

압박감으로 고민하는 분도 있죠.

정작 본인은 받지도 못하는데

어린이집 선생님을 위해 선물을 준비하는

공립학교 선생님도 있고요.

하나 보기도 힘든 아이를

여럿 돌보는 선생님들이 얼마나 힘드시겠어요.

진심으로 감사해 선물을 드리고 싶을 수 있습니다.

그렇다면 꼭 스승의 날이 아니어도

괜찮지 않을까요?

정말 감사하다면 헤어지는 날

혹은 헤어지고 난 뒤에 드려도

진심은 전달될 것입니다.

선생님 입장에서는

오히려 그게 더 감동이죠.

남들 다 하는데 나만 안 해서

우리 아이만 차별받으면 어쩌지? 하는 생각에
선물을 준비하는 분도 있을 겁니다.

음, 우리 말이죠.
어린이집, 유치원, 사교육 선생님들이
그렇게 사악하다고 생각하지 않았으면 해요.
그런 걸로 차별하는 치사한 분이
얼마나 되겠어요.
차별한다면 그런 사람일수록
선물 받을 자격은 없는 겁니다.
그런 못된 행동을 강화하는 꼴이 되어버려요.

아이를 다 키운 학부모들이 하는 말을 들은 적이 있어요.
그 돈으로 애들 맛있는 거나 사 먹일 걸 그랬다고.
차별할 사람은 그래도 차별하고
안 할 사람은 안 한다고….

선생님들은 언제나 노력하고 계십니다.

제2의 부모이고, 아이들과 함께 있는 동안
보호자가 되어 주시죠.

부디 감사한 마음 잊지 마시고
존중과 예의로 대해주세요.
선생님들이 진정한 스승이 되는 데에는
그들을 바라보는
부모의 시선도 크게 작용한다는 걸
다시 한번 떠올려 봅니다.

어쩌면 스승의 날 선물보다
평소 선생님을 바라보는
신뢰의 눈빛이
더 간절할지도 모르겠어요.

거 리
두 기

괜찮아

중간고사가 시작되고 첫닐

시험이 끝나자마자

아이가 문자를 보내왔어요.

그런 적이 없었는데 말이죠.

정말 열심히 공부했는데

생각보다 많이 어려웠나 봅니다.

문자에 속상함이 그대로 전해졌어요.

괜찮다고 했어요.

수고했다고.

수행평가와 기말고사가 있으니
기회는 있다고.
네가 어려웠으면
다른 애들도 다 어려웠을 거라고.

맨날 똑같은 위로인데
그 위로를 듣고 싶어 보낸 문자겠지요.
괜찮다는 말이 듣고 싶은 거겠지요.
듣는다고 괜찮아지지는 않겠지만
말한다고 괜찮아지지는 않겠지만
나보다는 아이가 더 속상할 테지요.

그래서 해줍니다.
너무나 듣고 싶었지만
아무도 해주지 않았던
그 말
"괜찮아…"

우리 아가

긴장감 조금도 없는

이 마음은 무엇일까요.

고2 둘째 중간고사가 시작되었는데

워낙 찡찡대는 법이 없는 아이라

첫째 때보다도 더 편합니다.

어차피 교과 내용을 가르쳐줄 수 없으니

아는 척해봤자 무식만 들통날 것이고

그저 TV 소리 살짝 줄여주는 정도의

예의를 갖출 뿐이에요.

귓구멍에 무선이어폰을 꽂고 있는 아이는

신경도 안 쓸 테지만요.

큰애는 시험 기간에 간식을 사다 달라는 말도 하고

외로운 날은 거실에 있다가 늦게 자달라고

부탁이라도 했는데

저 아이는 편의점 들러 저 먹을 걸 사 옵니다.

엄마가 일찍 자든 늦게 자든

본인 일과 연관 짓지 않아요.

시험을 잘 보는 날도, 못 보는 날도

펄럭대질 않습니다.

마중을 가서 무겁디무거운 가방을 들어주려고 하면

큰아이는 '고마워' 하며 가방을 주고 얼른 팔짱을 걸어요.

도움을 받고 애교를 부립니다.

사랑스럽지요.

작은 아이는 '됐어' 하며 가방을 주지 않아요.

매정한 것 같지만, 이 아이가 왜 그러는지 압니다.

자신이 들고 갈 수 있는데

굳이 엄마를 무겁게 할 필요 없으니까요.

착하지요.

가끔 '아가'라고 불러봅니다.

아가라고 부르는 순간

쫑알쫑알 귀염 떨던 막내딸이 기억나요.

아가는 금방 커서 이토록 독립적인 아이가 되어

홀로 공부합니다.

이 아이를 가졌을 때, 다운증후군 수치가 높다고

양수 검사를 권유받았어요.

확률이 200분의 1이라나.

내 인생에 200분의 1의 경쟁률을

뚫어본 적이 없는 데다

원해서 가진 아기였기 때문에

양수 검사를 하지 않았어요.

왜냐고요?

해도 안 해도 낳을 거였으니까요.

아무도 축하해주지 않았던 임신이었어요.

친정엄마가 큰 병에 걸렸던 때라

'하필 지금'이라고들 했습니다.

오기가 나서 태명을 '축복이'라고 지었어요.

내가 너를 축복하고, 하나님이 너를 축복하니

이제부터 모든 사람에게 사랑받고

모든 사람을 사랑하는 아이가 되라고

기도했습니다.

그러니

시험을 잘 보든 못 보든 상관없습니다.

축복받은 아이이고

사랑받고 사랑할 아이니까요.

그거면 됐습니다.

만약 이렇게 물어본다면

"엄마, 우리 반에 왕따 당하는 애가 있어.

아무도 걔한테 말을 걸지 않아.

나도 걔가 좀 불쌍해서 말을 걸고 싶은데

그랬다가 애들이 나까지 왕따시킬까봐 못 하겠어.

근데 그 애가 불쌍해."

"엄마, 우리 반 친구가

사실은 자기가 동성애자인데 나한테만 말하는 거래.

우리 반에 좋아하는 애가 있다는데,

고백하면 상대방 애가 되게 놀라지 않겠냐고 물어."

만약 아이가 이렇게 물어본다면

뭐라고 말해주면 좋을까요?

"그 애가 안 됐긴 하지만 괜히 나서지 마.

너까지 힘들어지면 어떻게 하니."라는

엄마 말을 듣고, 그날 밤 투신한 아이가 있다고 합니다.

질문 속 아이는 친구가 아니라 자신이었던 거지요.

두 질문은 실제로 제가 아이한테서 들었던 겁니다.

모든 상황이 내 아이일 수도 있다는 생각으로 답을 했어요.

왕따를 당하는 애가

동성애자인 것을 밝히지 못해 가슴앓이를 하는 애가

내 아이일 수도 있지요.

"인사를 하는 건 어려운 일이 아니잖아?

그 애한테만 인사해서 네가 곤란해질 거 같으면

다른 친구들에게도 하면 되지.

그러면 그 애는

누군가 그날 자기에게 말을 걸어주었다는 것만으로도

기분이 좋아질 거야."

"그동안 그 친구 많이 힘들었겠다.
그런데 남자든 여자든 고백은 항상 신중해야 해.
서로 마음이 통하지 않는데
고백을 받으면 거북할 수 있으니까.
그 친구가 너한테라도 털어놓을 수 있어서 정말 다행이다."

어떻게 말하는 게 정답인지 잘 모르겠어요.
다만 내 아이가 그 애여도
상처받지 않을 말인지 생각했어요.
어느 곳에서든 왕따는 있고
어느 반에서든 성소수자가 있어요.
내 아이가 어떤 아이여도
받아들여야 하는 부모잖아요.
모든 가능성을 열어놓고
대화에 임해야겠습니다.

이런 엄마

문제집을 사야 한대서 손 꼭 붙잡고 서점에 갔습니다.

처음에 세 권을 들고 오더니

"엄마, 사야 할 게 좀 많은데…. 괜찮아?" 합니다.

"필요하면 사야지. 온 김에 다 사 가자."

몇 과목의 수능완성과 기출문제

변형 문제집을 고르니 10만 원이 나와요.

"열심히 해야겠네."

이건 제 말이 아니라 아이 입에서 나온 말입니다.

문제집에 파묻혀 보내야 하는

고3의 일상이 안타까웠어요.

"언제 다 푸냐. 진짜 힘들겠다." 했더니
"학교에서 그냥 계~속 풀면 또 되더라고. 다 해야지."
덤덤히 말합니다.

시험 날짜가 언제인지도 잘 모르는 엄마.
시험 기간에도 자기 볼일 보러 돌아다니는 엄마.
시험 기간에 애가 몇 시에 자는지도 모르는 엄마.

그렇지만 저는 아이들이 말을 걸어오면
언제든지 대화에 응합니다.
물어보면 언제든지 대답합니다.
공부하라고 다그치진 않지만
필요한 정보는 늘 알아보고 기억해두려고 합니다.
좋은 의논 상대가 될 준비는 되어 있어요.
시험 기간이 언제인지는 모르지만
찾으면 언제나 그 자리에 있는
엄마가 되어주고 싶습니다.

수능 날

작고 자았던 아이가 커서

오늘 수능 시험을 보러 갔네요.

예민 그 자체인 아이라

어제 저녁에는 청심원을 먹였어요.

잘 자라고요.

잠자리 독립도 일찍 시켰던 아이인데

아빠를 몰아내고 우리 둘이 같이 잤습니다.

아기 때처럼 등을 쓰다듬어 달라고 하더라고요.

코코~~ 잘 자고 아침에 잘 일어났네요.

평소 새벽 2시나 되어야 침대로 들어가던 제가 문제였죠.

11시부터 누웠는데 잠도 안 오고
애가 깰까봐 뒤척이지도 못하고
밤을 넘겼습니다.

아침도 일찍 먹고 가는데
점심 전에 배가 고플까봐
소고기 구워줬습니다.
도시락은 아이가 원하는 대로
유부초밥과 콩나물국, 귤 2개.
혹시라도 오전 시험 망쳐서
밥이 안 먹힐까 메모도 넣었어요.
'손 소독하고, 천천히 먹어.
끝날 때까지 끝난 것은 아니다.
우리 딸, 파이팅!'

온갖 경우의 수를 대비해
소화제, 비염약, 두통약
과민성대장증후군약, 생리통약 하나씩 넣고

사탕과 초콜릿, 따뜻한 밀크티도 가져갔어요.
거의 한 달 내내 입고 빨고 해서 한 몸이 된
학교 생활복과 기모 츄리닝 바지, 경량 패딩 위에
롱패딩 입고 마스크 3개, 손소독제 챙겼습니다.

시험 보는 학교 앞에
아이만 내려주고 포옹 한 번 못했어요.
차들 계속 들어오는데
얼른 자리를 떠야 할 것 같아서요.
내리기 전 "손 한 번 잡자" 하고
잘하고 오라 했어요.

아프지 말고, 무사히 잘 치르고 왔으면 좋겠어요.
평소보다 더 잘 보기를 바라지도 않아요.
실수하거나 당황하지 말고
평소처럼 보고 왔으면 싶네요.
주변에서 떨리지 않냐고 물어보는데
글쎄요.

조금 더 걱정되는 맘은 있지만

걱정한다고 시험을 더 잘 보는 것도 아니고

원하는 곳을 못 가면 한동안은 속상하겠지만

그래도 잘 살 거라는 믿음이 있어서

눈물 나거나 초조하지는 않네요.

아주 중요한 날이지만

또 한편으로는

그냥 하루이기도 하지요.

그래서 오늘 하루

우리 딸이 잘 보냈으면 합니다.

당연하지만

라디오를 듣는데

고3 엄마의 사연을 읽어주더라고요.

자신이 너무 신경 쓰며 부담스럽게 하니까

아들이 엄마랑 부딪히고 싶지 않다며

기숙사로 들어간다는 거였어요.

성적이나 대학에 초연한 엄마가 될 거라고 다짐했는데

막상 아들이 고3이 되니

주말에 자는 모습이 그렇게 보기가 힘들더래요.

아침부터 밤까지 힘들게 공부하는 걸 아는데도 말이에요.

라디오를 같이 듣던 딸아이가 그러네요.
"아이구~ 너무하네.
3월인데 지금부터 그렇게 하면
금방 번아웃 오지."

사연 속 아들이 그랬대요.
"나는 담배도 안 피우고 피시방도 안 가니까
그래도 괜찮은 아들이지."
그 말에 사연 속 엄마가
"학생이 당연한 거 아니야?"라고 했다는 부분에서
딸아이가 빵 터집니다.
엄마도 똑같이 말했는데, 하면서요.
당연한 거지만
그래도 자신이 막 놀았으면
엄마가 속상하고 걱정했을 테니
당연하지만 고마운 거 아니냐고
그런 대화를 했던 기억이 났어요.

그러고 보니 그러네요.

당연하지만 고마운 것.

잘 자라는 건 자신을 위한 거지만

자식이 바르게 자라지 못하면

분명 내 속도 썩어갈 테니

고마운 것이지요.

당연해도

고맙다고 해야겠어요.

어느 6수생 이야기

입시 카페에 6년째 수능에 도전하고 있는
학생이 글을 올렸어요.
인 서울 모 대학에 붙었는데
부모님과 상의도 없이 자퇴했대요.
그리고선 매년 수능을 보는 거죠.
그런데 이 학생이 부모님에 대한
불만을 토로하더라고요.
이틀에 밥값 겨우 만 원 주면서
좋은 대학 들어가기 바라는 게 말이 되냐면서요.

그 글이 공감은 받지 못했어요.

만 원도 아깝다.

자퇴를 혼자 결정했으면 그 정도 각오는 했어야지.

쫓아내지 않은 게 어디냐 등의 댓글이 달렸죠.

원하는 답이 없으니 글을 삭제해버리더라고요.

수능 공부한다고 20대 중반이 될 때까지

경제적인 지원을 다 받으며

부모에게 일말의 미안함도 없다는 것이

놀라웠습니다.

부모는 무조건적인 사랑을 주는 사람 맞지요.

그러나 무한대로 지원해주는 사람은 아니에요.

그걸 아이에게 가르쳐주어야 합니다.

철은 드는 거지만

철들게 하는 건

부모의 처신이겠지요.

그럼 다른 거

모든 고등학생은 피곤해요.

공부를 하든 안 하든 상관없이

대한민국에서는 고등학생인 게 피곤해요.

액상으로 된 홍삼을 인상 쓰면서도

쭉쭉 빨아먹는 큰아이와 달리

사준다고 해도 거부하던 작은 아이였어요.

병든 닭처럼 졸고 있으면서도

한사코 됐다고 하는 거예요.

영양제가 싫다는 건 줄 알았죠.

그러다가 이 아이가 싫어하는 게

영양제가 아니라

홍삼의 냄새와 액체의 느낌이 아닌가

하는 생각이 들었어요.

캡슐로 된 게 있나 찾아봤죠.

있더라고요.

알약으로 된 거야, 하면서

물 잔과 함께 건네니

덥석 받아먹더라고요.

"이런 게 있어?" 하면서요.

어디 영양제뿐이겠어요.

진로도, 학업도, 책도, 취미도.

한 번 권하고 말면 "치워버려!"

하면 안 된다는 거죠.

싫어? 왜 싫을까?

생각해 보고 다른 방법을 찾아봐야죠.

단어 외우기 싫어? 너무 많아?

그럼 몇 개 줄여볼까?

대학 가기 싫어?

그럼 어떤 거에 관심이 있어?

그걸 하려면 무엇을 찾아봐야 할까?

아이들은

아무것도 되고 싶지 않은 게 아니고

잘하고 싶지 않은 것도 아니고

그저 아직 잘 모르는 거니까요.

싫어하는 건 나쁜 게 아니잖아요.

다른 게 있나

열심히 찾아보자고요.

다시 그때로

두 딸이 모두 코로나 백신을 맞았어요.
작은 아이는 다행히 괜찮다며
친구랑 배드민턴을 치러 나갔는데
큰아이는 많이 힘들어했어요.
열도 나고 근육통이 심해
편히 쉴 수도 없고
자고 싶은데 잘 수도 없었죠.

아프니 다시 아기가 되더라고요.
"엄마, 나 아파."

뜨거운 입김을 내뱉는 아이를
미지근한 물수건으로 닦아주었어요.
이마, 목, 팔, 다리, 등, 겨드랑이…
몇 번을 반복하니 약 효과와 함께
열이 떨어지더라고요.

백신 덕분에 다시 아기가 되었고
다시 아기 엄마가 된 시간이었어요.
뭔가 애틋했어요.
이마 만지면서 '어서 나아라, 어서 나아라'
주문 외우며 밤을 새우던
어떤 날들이 떠올랐어요.
내가 이렇게 정성을 쏟지 않으면
아이가 더 아플 것 같은 마음에
졸리고 피곤해도 버텼던 밤들.

그렇게 아프더니
또 갑자기 아무렇지도 않은 게

너무 이상하다며

주말 잘 보내고 기숙사 들어갔습니다.

엄마 품이 가장 좋다는 걸

스무 살 딸은

또 한 번 느끼고 들어갔겠지요?

너는 잘못한 게 없단다

수능 다음 날
마음 아픈 글을 봤어요.
엄마가 학종 준비하라고 해서
열심히 학종을 준비했는데
내신 성적이 잘 나오지 않았나 봐요.

고3 들어가니 논술을 준비하라면서
엄마가 논술학원에 보냈대요.
그느라 생기부 관리를 못 했는데
수능까지 망치자, 그동안 뭐 했냐는 질타와 함께

엄마의 비난이 날아왔나 봅니다.

아이는 한다고 했고
없는 형편에 학원, 과외 시켜준 엄마에게
감사하고 미안했지만
수능 끝나고 밥 먹는 자리에서
1등급이 하나도 없는 게 말이 되냐고
신경질을 내는 엄마 때문에
밥도 먹지 못하고 식당에서 울었다고 합니다.

논술도 남아 있는데 마음을 잡을 수가 없어서
너무 힘들다고 했어요.
엄마가 아이에게 보낸 카톡을 보니
저도 숨이 턱 막히더라고요.
이 상황을, 그동안의 지원을
아이더러 책임지라는 내용이었어요.
엄마도 많이 속상했겠지요.
없는 형편이라도 부모 노릇 하려고 무리했을 테고요.

그렇지만 어떻게 책임질 거냐고

따져 물을 생각이었다면

학원에 보내지 말았어야 한다고 생각해요.

해주고 싶어서 해줬으면 거기서 끝나야지요.

인풋과 아웃풋 계산은

본인 일에나 적용할 수 있는 거니까요.

죄책감을 느끼며

엄마의 카톡을 읽고 또 읽는다는

아이의 글을 보니, 저 자신도 돌아보게 되네요.

'너 잘 살라고 그러는 거야'

엄마들의 변명이 참 궁색합니다.

그냥 내 뜻대로 안 된 게 화가 났겠지요.

인정하자고요.

나에게 보답하려고

아이가 살아서는 안 되잖아요.

그냥 안아주면 안 되었던 것인지.

종일 긴장하며 시험 치른 아이가

점심이나 제대로 넘겼을까 싶은 아이가

밥 한 끼 다 먹을 때까지

그 입을 다물 수는 없었던 것인지.

논술 시험 끝날 때까지

분노의 손가락질을

멈출 순 없었던 것인지.

수많은 타인의 댓글이

그 학생에게 위로가 되었을까요?

잠시 위로받았다 하더라도

뒤돌아서 날아오는 엄마의 화살이

타인의 위로보다 더 강력할 텐데 말이에요.

집이 가시방석이면 아이들은

대체 어디서

고단한 몸과 마음을

누일 수 있을까요.

원서를 쓰면서

큰아이 대입 원서를 쓰고

스터디 카페 마중을 가던 게 엊그제 같은데

벌써 2년이 지나 작은 아이 입시 기간이 되었네요.

온전한 정시러였던 큰아이 때와 달리

생기부, 면접, 자소서, 논술, 수능 등

챙겨야 할 것도 많고

알아봐야 할 것도 많은 이번 입시는

저를 완전히 입시 초보 학부모로 만듭니다.

뭐가 이리 복잡한지

이게 공정한 게 맞는 건지

이렇게 줄 세우는 게 어떤 의미가 있는 건지
파고들수록 이해되지 않는 것 투성입니다.

아이 공부에 크게 관여하지 않았고
생기부를 위해
제가 해줄 수 있는 것도 없습니다.
큰아이는 수능 하나로 모든 것이 결정되니
수능일이 다가올수록 초조함이 높아졌는데
수시는 결정적인 날이 없으니
느슨해지는 것 같기도 하면서
퍼지는 것 역시 허락할 수 없는
잔잔한 긴장의 연속입니다.

비교적 간단했던 입시 전형으로
시험을 치른 부모 세대가
아이들 입시가 어떤지도 모르고
그저 잘하라고, 그것밖에 못 하냐고
왜 여길 지원하냐고 쉽게 다그치곤 합니다.

미리 입시제도에 대해 다 파악해두든가
차라리 끝까지 아이에게 맡겨두었으면 싶네요.
아이의 생기부를 보니 마음 한쪽이 아립니다.
원하는 대학에서 받아주지 않을지도 모를
생기부 속 아이의 3년을 보니
참 바지런했고, 참 바르게 열심히 살았구나
감사하게 됩니다.
고작 한 줄 적히기 위해 영혼을 털고
단어 하나를 위헤 뼈를 갈았구나, 짠합니다.

그것을 알아주었으면 좋겠어요.
합격증이 그 모든 노력에 대한
유일한 보상이 아니길.
생기부 속 아이의 일상이
살아가면서 내내 보상으로 나타날 거라
믿고 싶습니다.

숨 막히는 사랑

부모는 커다란 착각을 합니다.
어떻게든 좋은 대학에 보내 놓으면
아이는 잘 살아갈 거라고.
그러니 어르고, 달래고, 협박도 하고, 협상도 하며
아이가 하고 싶은 것은 뒤로 미루게 만들지요.

부모 뜻에 맞추어 살아주었던 아이는
성인이 되는 순간 마음껏 반항할 거예요.
어디서든 부모의 동의 없이 일할 수 있고
계약을 할 수 있으니

폭탄이 터진다면 이때부터겠지요.
본인에게도 절실했던 대학일 텐데
부모의 꿈이라 착각했을 수도 있어요.

이런 아이들의 독립 선언은
기특하면서도 아슬아슬합니다.
세상은 위험천만하고
생각만큼 만만하지 않으니 말이지요.
그러나 부모의 요구와 간섭이
지긋지긋했던 아이들은
부모가 뒤에 서 있는 것조차 거부하고
거친 세상으로 뛰어들어갑니다.
숨 막히는 사랑을 거부하는 날이 옵니다.

그런데 아이가
스무 살이 되면
대학생이 되면
정말 어른일까요?

이제 막 성인이 되어 세상에 발을 내딛는 아이들이
안전한 상태에서 모험이 시작되었으면 합니다.
실패도 하고, 좌절도 하고
세상이 힘든 것도 배워야 하지만
치명타를 입지 않도록
언제든 상의할 수 있는 부모가
뒤에 서 있어 줄 필요가 있다는 것이지요.

아이들이 부모를 등지게
만들지 않았으면 좋겠습니다.
누구보다 응원하고 도와주며
남들처럼 살지 않아도 된다고 말해주는 사람이
부모라면 좋겠습니다.
대학만 잘 가면 된다는
세상이 떠드는 거짓말을 아이 귀에 대고
가장 크게 떠드는 존재가 되지 않았으면….
꿈을 이루기 위해
아이 혼자서 외롭지 않았으면 합니다.

얼마 전 고3 아이 생일에

화장품 기프트 카드를 보내주면서

'대학 가면 예쁘게 화장하고 다녀'라고 썼다가

다시 고쳐 썼습니다.

'성인 되면'이라고.

엄마 때문에 가는 대학 아니고

대학이 아니어도 되고

무엇이 되든, 어디를 가든

응원하는 엄마가 되겠다고

또 결심합니다.

조금만 방심하면

세상이 떠드는 소리에

휩쓸릴지도 모르니까요.

어떤 과목보다

아이 자존감

모든 과목을 다 잘히는데, 딱 한 과목을 못 한다면

그 못하는 과목을 도와주는 게 맞겠지요.

그것만 올리면 되니까요.

그러나 잘하는 과목이 딱 하나라면

오히려 잘하는 과목을 더 잘하게 해주는 게

낫지 않나 생각해요.

자신 있고 좋아하는 과목 말고

싫어하고 못 하는 과목의 학원을 다닌다면

애초에 흥미도, 적성도 없기 때문에

최상위로 올라가긴 아마도 어려울 겁니다.

생각만큼 올라가지 않는 싫어하는 과목에

시간을 보내는 사이

좋아하고 잘하던 과목은 소홀해져

성적이 떨어질 수 있고요.

그런데 좋아하고 잘하는 과목의 학원을 보내면

최상위까지 올라갈 수 있어요.

자신감도 올라가고 시험 때는

다른 과목 공부할 시간을 벌어주기도 하지요.

잘하는 과목에 맞춰 다른 과목을 올리고 싶은

스스로에 대한 안타까운 마음도 들 거예요.

사교육을 많이 시키지도 않지만

중요하다는 고등 시기에 국어 잘하는 큰딸은

고3 때 국어 학원을 보냈고

수학 잘하는 작은 딸은

수학 과외를 시키는 이유입니다.

자존감의 문제니까요.

풍선 터져요

수능 4, 5등급 나온 아이를
비싼 재수학원에 보내면서
'전 과목 1등급 받을 수 있지?'라는
엄마가 있더라고요.
아이가 재수를 원한 것도 아니고
점수 맞춰 가겠다고 했는데도
엄마 성에 안 찼던 거지요.

아이 키가 안 큰다고, 살이 안 찐다고
꾸역꾸역 입에 밀어 넣는 것과 뭐가 다르겠어요.

아무리 밀어 넣어도 내 배는 안 부르니

더 넣어도 되는 줄 아는 거지요.

열심히만 하면 된다고

뭐든 할 수 있다고 생각하긴 쉽지만

그렇다면 왜 부모는

위인이 되거나 재벌이 되거나 대통령이 못 되나요?

우리도 열심히 살지 않아서가 아니라

열심히 해서 온 지점이 여기인 거잖아요.

풍선이 계속 늘어날 것 같지만 한계가 있어요.

터지는 지점을 반드시 알아야 하죠.

작은 풍선도 있고 큰 풍선이 있다는 것도요.

작은 풍선은 작은 풍선대로 예쁘고 사랑스러운 거지

큰 풍선을 따라갈 필요 없어요.

'네가 더 열심히 하지 않아서 그러는 거야.'

이 말이 얼마나 사람을 좌절시키는지

조금만 생각해봐요.

'지금까지도 정말 잘해왔어. 장해.'라는 말에

눈물이 왈칵 솟구친 적 없나요?

아이도, 어른도 마찬가지입니다.

한계를 안다는 건

아이의 발전을 막는 게 아니라

아이를 보호하는 것일 수도 있어요.

아이의 능력이

무한대는 아니니까요.

포커페이스

간호사 시절

가장 당황스럽고 무섭고 급박했던 순간은

위 동맥 출혈 환자를 맞이했을 때였어요.

대개는 응급실에서 환자를 파악한 후

중환자실로 올려보내는데

이 환자는 그럴 시간도 없이 막 밀고 올라온 거죠.

환자는 수 분 간격으로 새빨간 피를

한 바가지씩 토해냈어요.

환자가 무서워하는 게 보였어요.

작은 통 정도로는 해결되지 않아

나중에는 그냥 바닥에 토하시라 했어요.

세탁실로 보내려던 침대 시트를

바닥에 잔뜩 깔아두고요.

신발에 튀고, 옷에 튀고, 손에 튀고….

그럼에도 간호사 여러 명이 달라붙어

미친 듯이 피 주머니를 손으로 쥐어짰어요.

출혈 속도를 따라가려고요.

간호사인 저에게도

정말 공포스러운 순간이었지만

수술실이 준비되는 동안

겁에 질린 환자 앞에서

정신 똑바로 차리고

표정 관리를 해야 했어요.

안 그래도 무서울 텐데

간호사가 하얗게 질리거나

비명을 지르거나 피한다면

환자는 얼마나 무섭겠어요.

"곧 괜찮아질 거예요. 걱정하지 마세요.

수술 잘 받고 오세요."

마치 하루에도 몇 명씩

이런 환자를 받는 것처럼

대수롭지 않게 말했어요.

물론 저는 이전에도 이후에도

그런 환자를 본 적이 없습니다.

떨어진 점수 앞에서 '본인'은 아이예요.

충격을 받고 겁을 먹은 아이 앞에서

부모가 할 수 있는 건

부모 자신의 두려움을 감추고 괜찮다고

말해주는 겁니다.

이런 일쯤은 흔한 것인 듯

대수롭지 않게 대해주는 겁니다.

막상 응급상황이었을 때는
아무것도 안 보였을 거예요.
그러나 수술을 마치고 돌아와
너무나 멀쩡해서 웃음이 날 때
그제야 알았겠지요.
자신이 피를 토하고 있을 때
의료진들이 호들갑을 떨지는 않았지만
미친 듯이 피를 짜고
정신없이 피를 닦고
실은 좀 무서워했다는 걸….

"너 성적 떨어져서
사실 그때 엄마가 좀 많이 걱정했었어."라는 말은
나중에, 나중에 하자고요.
지금은 약간의 포커페이스가
필요한 때랍니다.

* **스토킹**

아이의 성적표를 받아 들면
"내가 너무 관심이 없었나?" 하면서
갑자기 잔소리가 시작됩니다.
그동안 잔소리하지 않고 두었더니
공부엔 관심도 없고 엉망이라며
이제부터라도 관심을 가져야겠다고 하지요.

그런데
잔소리=관심인가요?

어떤 사람에게 관심이 생기면

어떻게 했는지

기억을 떠올려 보세요.

그가 궁금하고, 그 주변이 궁금하고

그가 좋아하는 것이 궁금하고

힘들 때 도와주고 싶고

그 사람이 알고 싶어지는 게

관심이지요.

쫓아다니고, 캐묻고, 종용하고

지시하고, 압박하는 것은

관심이 아니라 스토킹이에요.

사랑해서 그랬다고 하지 마세요.

받는 사람이 좋아하는 게 아니라면

그건 스토킹이에요.

아이에게 관심을 가지세요.

잘 보고, 잘 듣고, 대화하고, 기다리고

원할 때 주세요.

"성적 떨어졌으니 이제부터 학원 가!"라는 말은

관심의 시작이 아니랍니다.

공부를 왜 하는지

아이에게 대학은 어떤 의미인지

아이는 지금 어떤 상황인지

아는 것부터 시작해봐요.

유리할 때만

제 아이들은 키가 작아요.

저도, 남편도 작습니다.

그 유전자 물려받아서 아이들도 작은 거예요.

그런데 또 다른 유전자도 있는 것 같습니다.

저의 짧은 입과 식성도 유전된 것 같아요.

많이 먹고, 자주 먹고, 먹고 또 먹으면

아마 지금보다 많이 컸을 거예요.

작은 키 유전자와 잘 안 먹는 식성

그리고 엄마인 제가 먹는 걸 별로 안 좋아하다 보니

집에 먹을 게 별로 보이지 않는다는

이 3박자가 갖추어져서 만들어낸 결과일 겁니다.

아이가 머리는 좋은데 공부를 안 해서 속상하지요?
좋은 머리는 나나 남편에게서
혹은 할머니, 할아버지에게서
물려받은 것 같은데
공부를 열심히 하지 않는 기질은
아이가 창조해낸 것 같지 않나요?
아이 잘못 같지요?

그런데 말입니다.
유리할 때만 유전자 타령하는 거 아닐까요?
집중을 못 하든, 인내가 없든, 잠이 많든, 산만하든
다 누군가에게서 내려간 유전자 속 기질일 것입니다.

그러니
좋은 머리 물려줬는데
왜 공부를 안 하냐, 못하냐 하지 마세요.

그 '안' 하고, '못' 하고까지 물려준 사람이

엄마, 아빠니까요.

거기에 환경까지 만들어주지 않는다면

그거야 뭐….

그렇게 따지니 아이들 탓할 게 하나도 없네요.

좋은 것들로만 쏙쏙 뽑아주지 못한 우리 탓이죠.

그런데도 열심히 살아내고 있는

아이들이 기특합니다.

요즘 저의 주된 혼잣말입니다.

'아휴, 고3이 저렇게 잠이 많아서 어떡해? 나 닮아서…'

'젊은 애가 왜 저렇게 자꾸 누워? 나 닮아서…'

'왜 이렇게 운동도 안 하고 몸을 안 움직여? 엄마 닮아서…'

'뭔 걱정이 그렇게 많아? 쓸데없는 걱정이. 아빠 닮아서…'

누굴 닮았는지 모를 때는

이름 모를 조상님 막 소환하면 됩니다.

옆집에서 온 건

확실히 아니잖아요.

시험 기간

시험 기간에 할 말을 미리 생각해 둡니다.

시험 전날-

얼른 자라. 적당히 하고 자.
그래야 정신 말짱하게 시험 보지.

시험 날 아침-

잘 다녀와~.

시험 날 하교 후-

수고했어. 저녁에 맛있는 거 뭐 먹을까?

그럭저럭 본 거 같아, 라고 하면-

열심히 해서 그런가 보다. 잘됐네.

잘 찍은 거야, 라고 하면-

찍는 것도 어디선가 봤기 때문에 잘 찍는 거야.

공부 안 했으면 찍는 것도 잘 안 돼.

찍은 거 다 틀렸어, 라고 하면-

아이구, 안타깝다. 이왕 찍는 거 정답에 좀 가서 붙지.

찍기 연습 좀 하고 갈까?

망했어, 라고 하면-

시험이 어려웠나 보네. 너한테 어려웠으면

다른 애들도 어려웠을 거야.

다른 애들은 잘 봤고 나만 못 봤어, 라고 하면-

그런 날도 있지. 그 애들도 못 보는 날이 있겠지.

다음에 잘 보면 돼.

풀이 죽어 있으면-

다음에 잘하라고 있는 게 시험이지.

우리의 목표는 우상향. 점점 나아지는 거지.

처음부터 너무 잘하면 올라갈 게 없잖아.

무슨 말을 해야 할지 잘 모르겠으면

아무 말 안 하는 것도

좋은 방법입니다.

위로의 글

사교육을 최대한 미루고

엄마표와 아이 주도로 하는 것에

과도한 자부심을 갖는 것은 해롭습니다.

학원 다니는 아이들보다 더 잘해야 한다는

내면 깊숙한 욕망이나

학원 다니는 아이들보다

잘하고 있다는 것에 대한

은근한 자랑스러움은

막기 어려운 감정이지요.

그러나 그것이 아이와 엄마

모두를 힘들게 할 수도 있습니다.
여기까지 얼마나 열심히 해왔는데
그 결과가 겨우 평범이라니.
주변에서도 다 알고 있는데.
사람들 만나기도 싫고
아이에게도 실망스럽고
차라리 학원을 보냈어야 했나
후회가 밀려오기도 할 겁니다.

어릴 때는 시키는 대로 잘하더니
이제는 내 맘처럼 따라주지도 않고
자꾸만 거슬리는 아이의 나태함에
무력감이 느껴질 겁니다.
아이와 떨어지라는 신호입니다.

신호를 잘 캐치했어도
마음이 다스려지지 않는 건
표면적인 것으로 해결하려고 해서 그래요.

마음이 온통 아이에게 가 있는데

육체만 떨어뜨려 놓는다고 평안할 리가 있나요.

나 자신에 대한 깊은 통찰 속으로 들어갔으면 해요.

시간 때우기용 독서, 강연 시청 말고

나, 사회, 세상이 무엇인지 파고들고

그동안 외면해왔던 세상의

메시지들을 찾았으면 합니다.

나와 아이는 주인공이 아니라

세상의 한 귀퉁이를 담당하는

그러나 더없이 소중한 존재임을 받아들이게 될 때

평안해질 거예요.

엄마표나 아이 주도로 살아온 시간은

과정에서 이미 충분히 행복했어야 해요.

자신에게 자랑스러우면 됩니다.

아이의 진로는 아이가 찾아갈 거예요.

A일 수도 있고, B일 수도 있겠지요.

아무리 엄마라 해도

A보다 B가 나은 거라고

절대 장담할 수 없습니다.

우리는 기도하는 사람일 뿐입니다.

A여도 잘했다, B여도 잘했다, 해주세요.

A여서도 아니고 B여서도 아니고

잘했다는 말을 듣기 때문에

잘 될 겁니다.

평화가 찾아오기를

기도합니다.

홀
로
서
기

나의 세계를 깨보지 않으면

새는 알에서 나오려고 투쟁한다.

알은 세계다.

태어나려는 자는

하나의 세계를 깨뜨려야 한다.

_《데미안》중에서

좋은 대학 나오지 않아도

금수저 출신 아니어도

혹은 좋은 인맥을 만나지 못해도.

잘살 수 있다고 믿는 사람이 몇이나 될까요?

그래서 아이들에게도 좋은 대학 가라 하고

한 푼이라도 모아서 더 남겨주려고 노력하는 거겠지요.

그리고 그 불안감마저 아이에게 그대로 전해주고 있습니다.

영원히 개천에서 살까봐.

계속해서 남의 눈치나 보며 살게 될까봐.

어차피 한국에서 살려면 어쩔 수 없는 거라며…

아이에게 불안감을 물려주기 전에

부모가 스스로 자신의 세계를 깨 보세요.

혁명을 이루라거나 대단한 사건을 일으키라는 게 아니에요.

이거 봐.

안 될 거라고 생각했던 건데 해보니 되더라.

이거 봐.

진실하게 살았더니 진짜 친구가 생기더라.

이거 봐.

남들과 다른 관점에서 생각했더니 좋은 일도 생기더라.

자신의 세계를 깨 본 사람은

자식에 대해서도 크게 걱정하지 않아요.

자신처럼 세상에 맞서 살아갈 거란

믿음이 있으니까요.

두꺼운 벽이라고

두드려야 소용없다고

그러니 너는 먼저 출발해야 한다고 해봤자

결국 버둥대다 똑같이

갇힌 세계 속에 살게 될 수도 있거든요.

나의 세계를 깨보지 않으면 자식 걱정이 앞서요.

두꺼운 벽의 실금을 찾아 부지런히 두드리는 자에게

세상은 열립니다.

그게

같은 세상 같은 위치에 살면서도

다른 삶을 사는 방법입니다.

맨날 돌밥

방학이 반갑지 않은 엄마들이 많아요.

사실 저는 방학이 싫지 않았어요.

늦게 일어나도 되니, 그게 그렇게 좋더라고요.

어차피 거부할 수도 없고 미룰 수도 없으니

방학 때만 할 수 있는 것을 찾아 계획을 짜곤 했어요.

제가 방학에 스트레스를 받지 않았던 건

돌밥(돌아서면 밥)에 대해 느슨하게 생각했기 때문일 거예요.

아침은 대충 시리얼이나 토스트, 간장 계란밥

아니면 전날 먹은 국이나 반찬.

점심은 배달이나 라면으로 때우기도 하고
수제비나 김밥, 유부초밥, 카레 같은 것을
아이들과 같이 만들어 먹기도 했고요.

집이 어지럽혀지는 것에 대해서도
그러려니 했던 것 같아요.
사람이 집에 있으면 당연히 어수선해지지요.
아이들이면 말할 것도 없고요.
당연한 걸 인 당언히게 어기니 스트레스잖아요.
하루에 한 번 치우는 시간을 정해서 다 같이 치웠어요.

돌밥이나 치우기보다 방학이 힘들게 느껴졌던 건
나만의 시간이 줄어들었기 때문이었어요.
그래서 기어코 그 시간을 확보하려고 노력했어요.
아이들이 놀이에 열중하고 있는 시간이나
영어 동영상 보고 있는 시간에 내가 하고 싶은 걸 하는 거지요.
아이들에게 종종 부탁하기도 했어요.
지금부터 딱 30분만 엄마가 낮잠을 잘 테니

혹은 엄마 일을 할 테니 부르지 말아달라고요.
물론 잘 안 지켜지지요.
그래도 그렇게 했어요.

돌밥 신세 같아서 처량하게 느껴져도
방학이 끝없이 길게 느껴져도
이 시간은 끝나게 되어 있고
반복되는 일상 속에서도
아이들은 자라고 있다죠.

매일이 똑같은 것 같아도
똑같은 날은 하루도 없습니다.
아이들이 다 크고 나니 돌밥 신세보다
더 처량한 하루하루.
일 년 내내
저 혼자 방학입니다.

누가 모르냐고요

가사와 육아에 찌든 엄마에게

상담사나 정신과 의사는 주변의 도움을 받아서

엄마만의 시간을 가지라고 조언합니다.

아이에게 화를 내는 이유는

엄마 감정이 처리되지 못했기 때문이며

체력이 달리기 때문이니

엄마만의 시간을 갖고 휴식을 취하거나

엄마 만족을 얻으면

너그러운 엄마가 될 수 있으니까요.

그걸…

누가 모르냐고요.

그 시간을 누가, 어떻게 확보해주냔 말이죠.

애를 맡기고 나오자니 육아를 귀찮아하는 남편으로 인해

아이가 천덕꾸러기처럼 못 먹고 방치될까봐 못하고

남편이 잘하려고 노력해도 하는 짓이 하도 어설퍼서

못 맡기는 엄마도 있죠.

그래도 남편이 육아를 하도록 해야 합니다.

상대적으로 육아 시간이 긴 엄마여서

육아 노하우를 조금 더 잘 아는 것이라면

남편에게도 기회를 주고 알려주고 칭찬하는 수밖에요.

처음에는 화장실에 가면서 남편 품에 아이를 맡기는 거죠.

잠깐인데도 애를 울리고, 내 맘에 안 들게 할 수도 있어요.

그래도 '덕분에 시원하게 볼일 봤어.' 하면서

볼에 뽀뽀를 해줍니다.

그리고 편의점 가면서 10분간 맡기고

아이 데리고 마트라도 다녀오라고 시켜보고

그다음은 도서관 가면서 1시간 맡기고….

그렇게 시간을 늘려가세요.

집에 돌아가면서 남편 좋아하는 까까도

하나 사 들고 가거나

육퇴 후 함께 마실 맥주라도

사 들고 들어가면 더욱 좋지요.

남편도 적응 기간이 필요해요.

잘한다, 함께 키우니 참 행복하다

그런 말 들으면 하기 싫어도 뿌듯하긴 하겠죠.

저도 손이 둔한 남편에게 아이를 맡기는 게

두려웠던 때가 있었어요.

똥 기저귀를 갈면서

아이 엉덩이, 방바닥, 자기 팔뚝

사방에 똥칠하는 남편이었지요.

눈이 쌓였다고 아이 데리고 나간 사람이

안 들어와 걱정했는데

아니나 다를까 아이 발가락이

동상 걸리기 일보 직전이었던 적도 있었고요.

그래도 잘한다고 했어요.

서툴러도 기회를 뺏지 말고

못한다며 내빼는 사람 그냥 두지 말고

그 잠깐 5분, 10분으로 인해

내가 너무 살 거 같다고

마음을 표현하세요.

결국은 진정한 소통만이 답입니다.

엄마에게 자기만의 시간이 필요한 거

누가 모르냐고요.

그 시간을 누가 줄 수 있는지

엄마들은 그게 더 궁금합니다.

며느리 가스라이팅

영화 '가스등'에서 가스등이 희미해졌다고 말하는 아내에게
남자는 당신이 잘못 본 것이라며 계속 핀잔을 줍니다.
아내가 자신을 스스로 의심하게 만들죠.
자신을 믿지 못하니 더욱 남편을 의지하고
자존감은 바닥을 치게 됩니다.
그런데 사실은 가스등이 정말로 희미해졌다는 겁니다.

모두가 가스등이 희미해졌다고 해도 '나'를 믿어야 하고
그래도 정 이상하다면 온전히 객관적일 수 있는 사람에게
교차 확인해봐야 합니다.

시부모에게 '죄송하다'라는 말을

많이 하는 며느리들을 보니

'며느리 가스라이팅'이구나 하는 생각이 드네요.

가스라이팅의 징후는 다음과 같다고 해요.

1. 자주 사과하고 있는 나를 발견한다.

   (죄송해요, 어머니.)

2. 내가 너무 예민한 건지 고민하게 된다.

   (어머니가 예고 없이 방문하는 게 너무 싫고 주무시고

   가신다면 마음이 답답한데 내가 버릇없는 걸까?)

3. 스스로 잘하고 있는지 상대에게 묻는다.

   (어머니, 몇 시에 갈까요? 이건 이만큼 하면 될까요?)

4. 변명이 는다.

   (일찍 가려고 했는데요, 애가 옷을 안 입어서요. 전화벨

   울릴 때 화장실에 있어가지고요.)

5. 일이 잘못되면 내 탓이라고 여긴다.

   (내가 중간 역할을 잘했으면 남편과 어머님 사이가 좋아

   졌을 텐데. 내가 돈을 못 벌어서 무시당하는 거야.)

6. 이유 없이 불안하고 자신이 없다.

　(명절이 다가오는 게 무섭다. 시가 갈 생각에 잠이 안 온다.)

며느리 가스라이팅에서 벗어나는 방법은

하나밖에 없어요.

가스등이 희미해졌다고 보는 나를 믿고

그렇다고 말하는 것.

죄송할 것 없고, 예민하지 않아요.

내 기준에 잘하고 있는 거면

잘하고 있는 거예요.

변명할 필요는 없어요.

가스라이팅은 상대와 나 사이에 일어나는 일이잖아요.

가스라이팅 하는 사람은 나쁘지만

당하지 않으면 일어나지 않는 일이에요.

묻지 말고 말씀드리세요.

"12시쯤 가려고요. 어머니."

"고기 이만큼 해갈게요."

"전화 못 받을 때도 있어요. 그냥 안 받기도 해요."

"아이고~ 두 분이 (어머니와 남편) 알아서 해결하세요."

"전 부치느라 너무 힘들었어요. 들어가서 한 시간만
누웠다 나올게요. 어머니도 좀 쉬세요."

이런 말을 공손하고 당당하게 했으면 좋겠어요.

서로 동등해지면 훨씬 화목한 가정이 될 수 있어요.

태산으로 보고 있었는데

의외로 넘을 수 있는 뒷산일 수도 있어요.

조금씩 조금씩 내 목소리를 내세요.

내가 변하지 않으면

아무것도 바뀌지 않습니다.

최선

"그게 최선입니까?"라는 말을 들으면 움찔해요.
열심히는 했지만 최선이냐고 물으면
뭔가 더 할 수 있었던 공간이 떠오르기 때문이죠.
아이들에게도 뭐든 최선을 다하면 되는 거라고 하지만
정작 그런 말을 하는 우리는
최선을 다하고 있나요?

최선을 다해 직장 일을 하고
최선을 다해 밥상을 차리고
최선을 다해 육아하고

최선을 다해 효도하고

최선을 다해 독서하고

최선을 다해 취미활동을 하고….

그러고 있나요?

그렇게 살면

죽어요.

최선은 일생 중 몇 번, 몇 가지 일에만

쏟아도 되지 않나요?

그것조차 쉽지 않겠지만요.

남편과 저는 아이들에게

'최선을 다해라'라는 말을 하지 않아요.

'할 만큼만 해.'

'네가 할 만큼 했으면 되는 거야.'라고 말합니다.

'할 만큼'은 끝까지는 아니지만

숨은 쉴 수 있을 만큼 정도일 거예요.

11시에 잠자리에 드는

수능 며칠 안 남은 고3에게도

'할 만큼 했으면 됐어.'라고 해요.

최선을 다하고 있는 것은 아니지만

오늘 최선을 다하면

내일은 할 만큼도 못 할 수 있으니까요.

최선을 다하지 말아요.

최선을 다하지 않아도 돼요.

제일 불쌍한 사람이

최선을 다해 살다가

최선을 다해 죽는 사람일 거예요.

친구가 없나요?

친구 없는 게 문제가 될까요?
누군가를 만나서 에너지를 얻는 사람이 있고
혼자 있을 때 충전되는 사람이 있어요.
친구가 없으니 사회성에 문제 있는 거라고
보는 시각도 편견이라 생각해요.

친구가 없어도 불편하지 않다면
억지로 만들 필요는 없지요.
그러나 사람을 만나고 싶은데
만날 사람이 없다면 서글플 거예요.

아이를 낳고 키우면서 인간관계가 많이 단절된다고 합니다.

생활이 아이 위주로 돌아가니 시간 맞추기도 어렵고

아이 연령대가 다르면 관심사가 달라지기도 하고요.

어찌어찌 아이 또래 위주로 관계를 형성했다 하더라도

소소한 트러블이 생기면 상처받고

더 깊은 동굴로 들어가게 되기도 합니다.

친구를 만들려는 이유를 곰곰이 생각해 보아요.

내가 외로워서, 심심해서

내 이야기를 들어줄 사람이 필요해서.

대부분 하소연 들어줄 사람

심심한 시간을 채워줄 사람을 찾아요.

처음엔 일단 사귀어야 하니까 잘 대해주죠.

친절하게, 웃어주고, 베풀고….

그러다가 어느 정도 편해지면

본래의 목적을 이루려고 합니다.

주변 사람 험담하고, 내 이야기만 하고

속상한 사연 털어놓고.

그걸 오래 견딜 사람은 없어요.

친구를 만들려는 이유가 take라면
실패할 확률이 높아요.
물론 인간관계는 give and take죠.
그런데 좋은 친구를 만들고 싶다면
give give give and take 정도의
비율이어야 한다고 생각해요.

베풀고 싶어서 친구를 만들려고 하면
분명 주위에 좋은 친구들이 생겨요.
물질적인 것만을 말하는 게 아니에요.
내가 가진 에너지, 긍정 마인드
좋은 생각, 깨달음, 약간의 시간.
그러기 위해선 내가 먼저 넘치는 사람이어야 해요.
자신이 온전하지 못하면 남을 괴롭히죠.

친구를 사귀고 싶다면 자신을 꽉 채우세요.

그리고 공동의 목표를 가진 사람들을 만나 보세요.

함께 책 읽을 사람, 함께 영어 공부할 사람

함께 뜨개질할 사람, 함께 등산할 사람….

관계가 흔들릴 때마다

공동의 목표로 돌아오면 되기 때문에

유지하기가 더 쉬워요.

나이 차이가 나도 괜찮아요.

오히려 다양한 연령대의 사람과 만나는 게

생각의 폭을 더욱 넓혀줍니다.

주변의 소중한 사람들에게

감사의 마음을 표현하고

나를 더욱 단단히 만들어 보아요.

좋은 사람 옆에 좋은 사람.

그 좋은 사람이 되어 보아요.

나보다 잘난 사람

적당한 자극을 주고

신선한 충격을 주고

나도 하고 싶다는 도전 의식을 심어주는 사람은

계속 봐도 좋아요.

나보다 잘난 사람인데 보기에 좋은 사람이 있지요.

그런데

내가 그보다 못한 것만 두드러지고

따라잡을 수 없음이 불안하고 불쾌한 기분이 든다면

그런 사람은 보지 않아야 합니다.

그 사람이 누구냐의 문제가 아니에요.

어떤 이에게는 그 사람이 전자의 의미가 될 것이고

어떤 이에게는 후자의 의미가 될 수도 있으니까요.

한 마디로

그 사람의 진짜 모습과는 상관없이

그를 보는 내 마음이 재수 없어!를 외친다면

만나는 것도, SNS도 멀리

저 멀~~리 던지는 것이 낫습니다.

덕을 좀 더 쌓은 뒤에 보면

그나 나나

하늘 아래 개미요,

100년 안짝 사는 것은 매한가지일 거예요.

그럼에도 지금 나의 덕이 모자란다면

불편하게 우러러보며 자신을 괴롭히지 말고

자신에게 집중하는 편이 나을 거예요.

괜찮지 않은 사람은 없어요.

이만하면 우리 다 괜찮게 사는 겁니다.

유튜브 시대

요즘은 유튜브 시대라고 해도 과언이 아니지요.
일단 꾸준히만 하면 알고리즘이 관련 영상을 띄우니
유명 유튜버가 되는 건 시간문제입니다.

처음엔 가장 자신 있는 분야로 시작해요.
하지만 어느 순간부터는 소재가 바닥나고 말지요.
그러면 다른 영역으로 확장합니다.
확장하는 게 나쁜 건 아니에요.
다만 잘 모르면서 아는 척하면
문제가 될 수 있다는 거지요.

유튜버에게 신뢰가 생기면

그가 무슨 말을 해도 믿는 사람들이 생겨요.

맹목적인 추종자들이 생기는 거지요.

유튜버는 척척박사가 아니에요.

초심을 잃고 인기와 명성에 취하면

자신을 따르는 사람들을

잘못된 길로 이끌 수 있어요.

유튜버도, 구독자도

항상 경각심을 잃지 않아야 합니다.

꾸벅꾸벅 졸다가도 목사님 말이 끝나면

뭔 말인지 생각도 안 하고 '아멘' 하는 신도가

참 신앙인이 아닌 것처럼 말이지요.

그럼에도 헤어 나올 수 없는

유튜브의 세계.

어른도 이런데

애들은 어떻겠어요.

사람 참 안 바뀌어요

이제 무언가를 하고자 한다면
'나'부터 잘 살펴보세요.
이 나이 되도록 만들어져 온
'나'는 잘 안 바뀌어요.
괜찮은 일에 나를 맞추기보다는
맞는 일을 찾는 게 빨라요.

아이 좋아하지 않는데
보육교사 자격증 공부하지 마세요.
아동학대 하게 돼요.

힘들다가도 아이들만 보면

눈에서 꿀 떨어지는 사람이라야

그나마 힘들어도 견딜 수 있어요.

성격 급한 사람이라면

요양 보호사 자격증 따지 마세요.

노인들은 다 느려요.

기다리지 못하면

본인이 힘들 거예요.

유망직종이니 일단 따놓고 보자 하면

시간만 버릴 수 있어요.

사람 참 쉽게 안 바뀌거든요.

그러니 '나'부터

잘 들여다보십시다.

사람을 정리할 때

모두와 원만히 지내면 참 좋지만

그럴 가치가 없는 사람들도 있어요.

그런 이들 하고까지

원만히 지낼 필요는 없답니다.

외로우면 그냥 제로인데

외롭다고 나쁜 사람과 사귀면

내 인생이 마이너스가 돼요.

모든 걸 자기 위주로 해야만 하는 나르시시스트.

공감 능력이 제로인 사이코패스.

나를 이용해 먹기만 하는 소시오패스는

뒤도 돌아보지 말고 손절하세요.

누가 나르시시스트이고

사이코패스이고

소시오패스인지

구분하기 어렵다면

단순해요.

느낌을 믿으면 됩니다.

만나거나 대화할 때

뭔가 느낌이 편치 않고

내가 호구가 된 것 같고, 기 빨린 것 같고

함께 보낸 시간과 돈이 아깝고

답답한 감정이 밀려온다면

그 사람과는 정리하는 게 맞아요.

좋게, 돌려 말해서, 껄끄럽지 않게

그런 거절은 없어요.

'안 만날래'

'별로 이야기하고 싶지 않아'라고 할 수 있는

용기를 지금 제가 드립니다.

퍽퍽 퍼드립니다.

세상에 좋은 사람이

얼마나 많은데요.

나쁜 사람만 안 만나도

얼마나 살 만한데요.

다가올 수 있죠.

그러나 거절과 거부는

내 몫입니다.

올해가 가기 전에

꼭 성공하시길.

플랜 B

목표를 정하고 매진하는 건
참으로 멋진 일입니다.
한눈팔지 않고 집중, 또 집중!
그런데 그렇게 한 우물만 파다가 삐끗하면
그보다 더 당황스러운 일은 없지요.

목표를 정하고 매진하되
언제나 플랜 B는 있어야 할 것 같아요.
어떤 일에서든지요.
몰빵했는데 어쩌란 말이냐, 원망하고 후회해도

손해는 언제나 자신에게 돌아오는 거니까요.

플랜 B는 차선이지만

플랜 A보다 항상 나쁜 결과만 가져오는 건 아닙니다.

제가 그랬어요.

뭐든 첫 번에 성공한 적이 없습니다.

그래서 플랜 B가 제 인생이 되었네요.

그러나 더 좋은 삶이었다고 생각합니다.

(그렇게 믿어야지 어쩌겠어요. 비교할 수도 없고….)

작은 아이가 중간고사를 보고 왔는데

같은 반 아이 하나가

수학에서 빵점을 맞았다는 거예요.

고등학교 들어와 첫 시험이고 수학이니

얼마나 긴장되고 어려웠겠어요.

시간 계산을 못 했는지

그만 답안지 작성을 못 했다고 합니다.

수학 빵 점이 어떤 의미인지

고등 아이를 둔 엄마들은 잘 알 겁니다.

상심이 얼마나 클지 상상만 해도

마음이 아팠어요.

"엄마, 그 애는 이제 어떻게 하지?"

"뭘 어떻게 해. 이제 정시에 집중해야지.

남들보다 빨리 정시로 방향 잡고

집중할 수 있는 시간을 벌었으니

나쁜 것만도 아니야."

세상이 무너지는 일 같아도

망한 인생은 아니에요.

A를 망치면 B에 도전하면 됩니다.

그러니 A를 열심히 하되

언제나 플랜 B도

생각해 두었으면 합니다.

실패가 아닌

방향 틀기니까요.

인생 버스와 친구

왜 나는 친구가 없는 걸까?

왜 여자는 결혼하고 나면, 아이를 낳고 나면

관계를 유지하는 게 이토록 어려운 걸까

고민하는 분들을 봅니다.

결혼 때문에 혹은 남편의 직장 때문에

연고도 없는 타지로 간 경우

외로움과 고립감은 더욱 심하겠지요.

나만 친구가 없는 걸까. 내가 문제인 건가.

이렇게 날이 좋은데 불러낼 친구가 하나도 없다니.

그런 생각 들 때가 있죠?

인생은 긴 여행이에요.

나는 그 여행 버스의 운전사입니다.

어떤 사람은 꽤 오래 타고 가다가 내립니다.

어떤 사람은 탔다가 금방 내리기도 해요.

강한 인상을 남기는 사람도 있고

수많은 정거장을 지나도록 함께 했는데도

기억에 남지 않는 사람도 있어요.

좀 더 오래 함께하고 싶어도 그가 내려야 할

정거장에 도착하면 문을 열어주어야 합니다.

어느 구간은 아무도 타고 있지 않기도 해요.

그렇다고 계속해서 빈 버스는 아닙니다.

문을 열면 올라타는 사람이 있을 것이고

말을 걸면 대답하는 사람도 있을 테니까요.

간혹 행패를 부리거나 무례한 사람이 있다면

어느 때고 차를 세우고 내리라고 하면 됩니다.

내가 운전사니까요.

긴 여행을 마쳤을 때 돌아보는 건

처음부터 끝까지

누가 나를 떠나지 않고 있었는가가 아니라

내 여행에 어떤 좋은 추억이 남았는가일 것입니다.

승객이 많을 때는 많은 것을 즐기고

없을 때는 내가 좋아하는 음악 크게 틀어놓고 즐기면서

여행을 잘 마치면 되는 겁니다.

친구는 고인 물이 아니에요.

학창 시절 친구들과만 변하지 않는 우정을

지키려 하지 말고

즐거운 여행의 운전사가 되어 보는 건 어떨까요?

(제 오랜 친구들은

가끔 버스에 들러 안부를 묻거나

폭풍 수다를 떨고는

후다닥 내리곤 한답니다.)

친구

14살에 만나 35년 지기가 된 친구들과
서울숲에서 피크닉을 했어요.
요란하게 천둥 번개가 치고 바람이 불더니
언제 그랬냐는 듯 깨끗하고 맑은 날을 허락해주네요.

키 세우기로 정해진 번호 앞쪽에서 만났습니다.
올망졸망. 7번, 11번, 14번…
반이 갈라지고, 고등학교가 달라지고, 대학 따라 흩어지고
유학을 가고, 결혼하고, 아이를 낳고, 일을 하고, 일을 쉬고
해외도 나갔다 오고, 아예 해외에 나가 살기도 하면서

무려 35년간을 쉬지 않고 만났습니다.

모일 때마다 누군가는 오지 못했고

누군가는 꽤 많이 빠졌지만

언제 누가 얼마나 빠졌는지는 기억하지 못합니다.

계속 만나왔다는 게 중요한 거죠.

가정 형편, 사는 지역, 학벌이 다르고

결혼과 출산의 나이가 달라도 불편하지 않아요.

14살의 눈으로 서로를 바라보거든요.

속속들이 안다고 할 수는 없지만

서로의 역사를 안다는 게 관계의 피곤함을 덜어줍니다.

끔찍하게 서로를 위한다거나 절절히 사랑한다거나

거짓이 요만큼도 없다거나 절대 배신할 리 없다거나

그런 건 아니에요.

그저 친구들이 종종 아깝고

그 애들이 아프면 걱정이 돼요.

짝사랑하던 남학생, 좋아하던 연예인, 입시 고민, 가정사

연애, 취업, 결혼, 육아, 부모님 병환, 시집살이, 남편…
여러 관심사들을 지나
이제 자식들의 연애, 사랑스러운 강아지
만나서 고기 구워 먹을 계획을 이야기합니다.
흰머리를 안타까워하며 너무 힘들게 일하지 말라고
건강 챙기라고 말하면서도
아이라인은 그렇게 그리면 안 되는 거라는
지적질을 합니다.
그런 무안한 말을 무안하지 않게 말하고 듣는 관계가
이제는 별로 없습니다.

"자주 보자." 매번 말해요.
그리고 이제는
정말 자주 보려 합니다.
그렇게 다시
14살로 돌아갑니다.

어린이날 어른들

어린이날. 선물을 주거나 놀이동산에 가는 걸로
부모의 의무를 다했다고 생각하는 건 아니겠지요?
어린이날은 어린이를 사람으로
존중하고 평등하게 대해야 함을
잊지 않기 위해서 생겨난 날이에요.
등짝 정도는 훈계하며 때릴 수 있다고 생각한다면
어린이날 값비싼 선물을 아이 품에 안겨준다 해도
아이를 존중하는 것은 아니랍니다.

어린이였던 나는 어떤 존중을 받길 원했었나요?

어린이였던 나는 무엇 때문에
어른들에게 화가 났었나요?
어린이였던 내가 정말 기분 좋았던 때가
언제였는지 떠올려 보면 좋겠습니다.

아. 정말 무슨 무슨 날들 다 사라지면 좋겠어요.
하루 반짝 생색내면서 지갑, 멘탈
탈탈 털어가는 무슨 무슨 날들.
하루도 소중하지 않은 날이 없는데 말이죠.

그럼에도 한때는 어린이였던 우리 어른들도
행복한 하루였으면 좋겠네요.
아이뿐 아니라 나의 내면의 아이에게도
존중과 사랑과 따뜻한 보살핌을 전해주세요.
너는 가장 사랑스러운 아이였다고.

그냥 금요일

언젠가부터 불금이라는 말이 떠돌면서 금요일에는
뭔가 특별한 놀이를 해야만 할 것 같은 압박을 느껴요.
"불금인데 뭐 하세요?" 묻기도 하죠.
스트레스를 날릴 기가 막힌 스케줄을 잡아야 할 것 같고
사람을 만나야 할 것 같고
그렇게 불타듯 감정을 휘발하고 싶은 충동을
요구받게 되었어요.

기대감이 있으면 상실감이 더 큰 법이죠.
금요일인데 아무 계획이 없으면

아무도 만날 사람이 없으면

더 허무하게 받아들여요.

애초에 금요일이 불타야 한다는 게

허무맹랑한 전제인데 말이죠.

얌금. 얌전한 금요일

차금. 차분한 금요일

멍금. 멍때리는 금요일

독금. 독서 하는 금요일

효금. 효도하는 금요일

뮤금. 음악 감상하는 금요일

누금. 누워 있는 금요일

그런 식으로 보내도 되는 거잖아요?

불금이란 말. 참 싫어요.

오늘은 그냥

금요일이라니까요.

여성에게 꾸준함이란

성공하는 사람들의 특징은 꾸준하다는 거예요.

그런데 여성으로 태어난 것이

꾸준함과 친하기가 얼마나 어려운지

남성들은 아마 모를 거예요.

다이어트도, 공부도, 운동도.

이제 좀 자리 잡고 뭐든 꾸준히 하려고 하면

생리전증후군, 생리통.

기분도 엉망, 몸도 최악, 성격이 변하기도 하죠.

생리통만 있는 사람도 있지만 배란통이 있는 사람도 많아요.

저 같은 경우는 호르몬 때문에 편두통도 같이 오고요.

멈추지 않고, 끊어지지 않고 꾸준히 하는 것이

성공의 길임을 모르지는 않으나

매달 방해꾼이 나타난다면 뜻대로 하기가 참 어렵습니다.

멈추는 것이 가장 안 좋은데

놓을 수밖에 없는 상황이 너무 자주 찾아오니까요.

게다가 임신과 출산을 하면 한동안 흐름이 끊깁니다.

아이 낳고 바로 일어나 밭매러 갔다는 어른들의 이야기는

감동이 아니라 괴담이고 호러죠.

의지와 상관없이 수시로 단절을 경험해야 하는 여성들에게

꾸준함이란 무엇일까요?

세상의 반쪽은 그걸 알까요?

정말로 안다면 세상은 어떻게 바뀔까요?

오늘도 아픈 배와 허리를 두드리며 진통제로 버티는 엄마들.

그 몸으로 책 읽어주고 아이 씻기고 밥 먹이는 엄마들.

꾸역꾸역 일하는 엄마들. 대단한 겁니다.

자꾸만 흐름이 끊어지는데도 이렇게나 잘하고 있다니요!

정말 경이로운 존재들입니다.

처음부터 고참은 없어요

처음부터 베테랑인 사람은 없어요.

누구든 서툴고 누구든 실수하면서 배우는 거죠.

내가 서툰 건 이해받고 싶은데

다른 이의 서툶에 대해선

가차 없이 냉정한 사람들을 봅니다.

계산대에서 우왕좌왕 헤매는 캐셔나

몇 번을 찔러도 혈관을 못 찾는 간호사나

길 못 찾는 택시 운전사나

학생 앞에서 얼굴 빨개지며 버벅대는 새내기 선생님이나

일부러 그러는 게 아니라면

기다려주는 미덕이 있었으면 좋겠어요.

매 순간 신참만 만날 확률은 없잖아요.

신참을 만나기도 하고

운 좋게 베테랑을 만나기도 하고

살다 보면 비슷비슷하게 만나지겠지요.

고참만 나오라고 떠드는 사람은

신참이 고참될 기회를 주지 않는 거예요.

그 피해는 내 아이가 받을 수도

내 가족이 받을 수도 있어요.

빨리 트레이닝되지 못하도록 방해하는 거고요.

당장의 내 이익이 중요하겠지만

괜찮다고, 천천히 하라고 말해주는

사람이 많아진다면

그만두지 않고 오래 일하는 고참도 많아질 거예요.

당장은 손해 같지만

실은 이득일 겁니다.

염치 있는 부모

부모와 자식 사이에도

예의가 있어야 해요.

부모가 꼰대 짓을 한다는 건

예의가 없다는 뜻이에요.

너를 낳았음이, 너를 키웠음이

무기가 될 수는 없어요.

그건 나의 기쁨이었기 때문이에요.

잘 살아야 하는 이유가 되었고

기뻤고, 행복했고

사람으로서 성숙해지는 큰 계기가 되었으니

그건 돌려받아야 하는 무엇이 아닌 거죠.

염치없는 부모들을 자주 봐요.
자식에게 그러는 것까지는 그나마
한 눈 감고 봐주겠는데
며느리나 사위에게 그러는 건
어떻게도 정당화하기 어려워 보입니다.
대체 무슨 권리를
누구에게 받았다고 생각하는 걸까요?
염치없는 부모를 어디까지 참아야 하는 걸까요?

오랫동안 힘들게 했던 시어머니를
수신 차단했다는 친구에게
"진작 그러지"라고 했습니다.
자식은 호구가 아니고
자식의 배우자는 더더구나 어려워야 정상입니다.
딸 같은 며느리가 아니라
인연이 닿은 귀한 집 딸이거든요.

자식에게, 그 자식의 배우자에게
염치없는 부모가 되어선 안 되겠다고 다짐합니다.
그때 가서 '다 그런 거야~'
얼버무리며 넘어가지 말라고
10년 뒤, 20년 뒤의 나에게
지금 말해둡니다.
염치를 알고
나이 헛먹지 말라고.
너에게 당연히 잘해야 하는 사람은
이 세상에 하나도 없다고.

그러나 부모로서 처신을 잘한다면
사랑을 주고 사랑을 가르친다면
자식은 나이 들어가는 부모를
결코 외면하지 않을 겁니다.
그렇게 믿습니다.
아니어도, 할 수 없습니다.

육아라는 동굴

아이 둘을 낳고 키우는 일은

동굴 속에 갇힌 미션 같았어요.

언젠가는 인간이 되어 나갈 거란 희망이 있지만

영원히 쑥과 마늘만 먹게 되면 어쩌나

걱정이 되기도 했어요.

내가 동굴 속에 있는 동안

다른 녀석들은 활개를 치며 돌아다니겠지, 부럽기도 하고

그러면서도 너무 빨리 동굴을 나가면

모든 게 수포가 될까봐

어두워도, 외로워도, 배가 고파도 견뎠지요.

일을 쉬고 있는 여성을 경단녀라고들 해요.
꼭 일을 쉬지 않더라도
육아 때문에 자유롭지 못합니다.
그러나 저는 육아의 시기가
'인간'으로 거듭난 시기였다고
말하고 싶어요.

쑥과 마늘과 어둠에 집착하지 않고
나가면 무얼 할까, 업그레이드되어 나갈 생각에
무수히 많은 경력을 쌓았어요.
자격증 하나 못 땄지만
수료증 하나 못 땄지만
아이에게 들려줄 이야기를 읽었고
아이가 살아갈 세상을 공부했고
아이 때문에 인내와 지구력과 공감 능력
친화력을 키웠어요.

내가 할 수 있는 일과 할 수 없는 일

또는 하고 싶은 일과 하기 싫은 일을 생각해 두었고

동굴 밖으로 나가려 할 때

아이들이 내 발목을 잡지 않도록

아이들을 일인분으로 키웠어요.

100세 시대에 육아의 기간은 잠깐입니다.

답답증이 치밀어 올라도

나름의 경력을 쌓으며

동굴 밖을 기대해요.

여러분은 지금 갇혀 있는 게 아니라

나갈 준비 중이라는 걸

잊지 마세요.

능동적인 삶

아직도 미신을 믿는 사람들이 많은 것 같아요.

동쪽으로 가야 한다고 이사를 고민하죠.

지구는 둥그니까 동쪽으로 계속 가면

결국 서쪽이 돼요.

제주도 서귀포에 사는데 남쪽으로 가라 그러면

바다에 배 띄워야 해요.

손 없는 날 이사한다고 이사 비용도 더 주고

휴가도 사용합니다.

저는 이사 정말 많이 다녔는데

무조건 손 있는 날로 했어요.

싸니까요.

그리고 매번 잘살았어요.

임신했을 때

좋은 것만 봐야 한다, 좋은 것만 먹어야 한다, 그러죠.

큰아이 가졌을 때는

중환자실에서 8개월까지 일했고

작은 아이 가졌을 때는

응급실에서 몇 달 일하다가 휴직 들어갔어요.

하루에 세 명의 환자가 하늘나라로 간 적도 있죠.

태교를 제대로 못 했겠다고요?

음. 저는 참 좋은 태교를 했다고 생각해요.

사람이 죽는 것은 슬픈 일이지만

인생의 한 과정일 뿐

재수 없는 일로 치부할 순 없습니다.

잘 살다 죽는 것은

좋은 인생이란다, 아가야.

그러면서 태교했어요.

기존 의미에 맞추지 않고

내가 의미를 부여하면 돼요.

시험 때 손톱 깎으면 안 된다며

긴 손톱 때문에 연필도 제대로 못 잡는 애보다

손톱 깔끔하게 깎고 열심히 필기하며

공부한 아이가

더 좋은 성적을 받는 것처럼요.

딱 10분

볼일을 보고 늦게 귀가하면 마음이 불안해요.

집에서 해야 할 것들이 머릿속에 착착 그려지면서

벌써 맘이 바빠지지요.

특히 밥시간이 늦어질 거 같으면 왜 그렇게 미안한지.

그러나 늦어지면 늦어질수록 꼭 지키려 하는 것이 있어요.

딱 10분.

집에 들어와 딱 10분은 아무것도 안 하고 쉬는 거예요.

소파에 털썩 앉거나 눕거나 책상 앞에 앉아서 노닥대요.

그렇게 한숨을 돌리고 나서 해야 할 것들을 하나씩 하죠.

마음 같아선 신발이 발에서 떨어져 나가기 무섭게

쌀을 씻어 밥솥에 앉히고

빨래를 세탁기에 넣고

어지러운 거실을 치우고

밀린 일들을 확인하면서 아이 요구를 들어주고 싶지만

아마 그러면 내내 마음이 조급할 거예요.

어차피 늦은 거.

7시에 먹어야 할 밥을 8시에 먹으면 어때요.

10분 더 늦게 자면 어떻고

10분 더 늦게 세탁기가 돌아가면 어때요.

큰 차이가 없지만, 내 마음에는 큰 차이가 있어요.

휴~~~

한숨 돌리고 움직이는 게 얼마나 큰 평안인지 몰라요.

급할수록 돌아가라고.

할 일이 밀려 있을수록 잠깐 쉬었다가 움직이기.

꼭 지키려 합니다.

다들 기다려~, 기다려야 밥 준다!

우리 집에 없는 것

이 나이 되면 다 하나씩 있는지 모르겠지만

우리 집에는 명품이 없어요.

그다지 갖고 싶지도 않고

가지고 있는 사람을 봐도 부럽지 않아요.

실은 그 물건이 명품인지를 몰라봐요.

명품이라는 것들이 실은 의도된 명품이잖아요.

의도적으로 적게 생산하고

의도적으로 가격을 올리고

의도적으로 구하기 힘들게 하면서

소비자를 가지고 노는 거죠.

저에게 명품이란

뒤통수를 후려갈기는 책의 문구.

시야에서는 사라졌는데

영혼에서는 사라지지 않는 어떤 풍경.

문뜩 만나고 싶은 오래된 친구.

내 장례식장에서 틀고 싶은 음악….

그런 것들이 아닐까 싶어요.

남들에게 없는.

내가 가치를 만드는.

간혹 인간쓰레기가 걸치고 있는 명품이

불쌍해 보일 때도 있습니다.

누군가의 에르메스나 샤넬보다

마더 테레사의 러닝셔츠가

더 고급스러운 거 아닐까요?

또 없는 게 뭐가 있더라.

맞아요. 우리 집에는 화장대가 없어요.

로션은 화장실 입구에 있는 작은 책장 위에
파우치에 담긴 기타 화장품은 서랍 안에 있어요.
기초화장은 로션이나 수분크림이 끝.
파우치 들고 와 거실 테이블에서
손거울 보면서 화장합니다.

그래도 뭐.
저는 제가 예쁘다고 생각해요.
진짜 예쁘게 생겨서가 아니라
사랑한다는 뜻입니다.
내 모습 이대로, 주신 모습 이대로
사랑합니다.

사랑하면 예쁘게 보이는 법이죠.
우아한 자세로 화장하진 않아도
누구보다 우아하게 화장합니다.

읽지 않는 책들처럼

책 사는 걸 좋아합니다.

물론 책 읽는 것도 좋아해요.

그런데 문제는 욕심과 속도입니다.

먼저 사 놓은 책을 다 읽지도 않고선

새 책을 주문해요.

표지만 봐도 배가 부르고

벌써 반이나 읽은 듯 기분이 좋습니다.

잠시 행복합니다.

그러나 진짜 만족은 천천히 읽고

사색이 깊어진 뒤에 찾아오지요.
책을 읽고 내가 한 부분이라도 변하거나
한 가지라도 행하거나
한 조각이라도 생각이 바뀌었을 때
정말로 뿌듯합니다.

책을 사들이고
알록달록 책등이 보이게
높이 쌓아 올린다고 해서
만족감이 생길 리는 없습니다.
언젠가는 읽겠노라며
읽지 않는 책들이 쌓여갈 때
읽고 싶은 책은 또 출간되고 있습니다.
욕심을 버리고 속도를 조절하는 힘이
절실히 필요합니다.

교육에 대한 정보를 모으고
강의를 듣고, 필사를 하고

스크랩을 하고, 캡처를 하고

좋다는 건 일단 사고

싸다는 건 미리 사고

그러면 잠시 행복하겠지요.

그러나 행한 것이 없고 변한 것이 없다면

성장은 없을 거예요.

욕심만 많았던 거죠.

바쁘기만 했던 겁니다.

읽지 않은 책들처럼.

언젠가는 써먹겠지 하는 사이에

세상은 변합니다.

하찮은 고백

사무실을 마련하고 나서

매일 갈 줄 알았어요.

사무실이 있으니 더 집에 있고 싶어요.

커피 머신을 사면 카페에 안 갈 줄 알았어요.

캡슐 머신이 있으니 자꾸 예쁜 카페에 가고 싶어요.

6인용 식탁을 사면

꽃병 놓고 우아하게 밥 먹을 줄 알았어요.

영화를 보며 밥 먹으니 거실 테이블로 여전히 식사를 나룹니다.

이사를 할 때마다 깨끗하고 깔끔하게 유지하리라 다짐해요.
결국은 장소만 바뀌었을 뿐 살던 모습 그대로 살게 됩니다.

새 다이어리를 살 때는 펜도 같이 사요.
한 달도 안 되어 볼펜 하나로 직직 긋고 글씨가 날아갑니다.
운동하려고 워킹머신을 샀는데
홈트레이닝만 찾아보고 있어요. 찾아보기까지만.
두 시간은 일하자 결심하고 컴퓨터 앞에 앉아요.
두 시간 내내 놀고 있어요.

평소 연락도 뜸하던 사람들이
코로나 시기에 자꾸 만나고 싶어요.
앉으려고 산 소파인데 기대기만 해요.
나갈 일도 없는데 옷을 사고 싶어요.
마스크를 쓸 건데 립스틱을 발라요.

이렇게 하찮은 인간입니다.

미라클 모닝

왜 이렇게 사람들이 일찍 일어나나 했더니
미라클 모닝이 유행인가 봅니다.
무슨 책인가 슬쩍 보니 딱 저한테 하는 말이 쓰여 있네요.
'아침형 인간이 아니에요'가 핑계라고.

저는 새벽에 일어나서 독서를 하고, 글을 쓰고
아이에게 책을 읽어주는 사람들을 존경합니다.
내가 할 수 없는 일
내가 하기 힘들어하는 일을 하는
모든 사람을 존경합니다.

그 말은 곧, 그 사람이

올빼미형보다 나은 사람이라서가 아니라

나와 다른 인간인 이유만으로

존경한다는 겁니다.

앞으로 20년 뒤면 누가 나를 설득하지 않아도

새벽에 일어나 앉아 있겠지요.

동이 터오는 하늘을 보며

나도 늙었나 보네, 중얼대겠지요.

새벽을 달콤한 잠으로 보내는 게 저에게는

지금 누릴 수 있는 특권 아닐까요?

늙으면 더 자고 싶어도

눈이 번쩍 떠진다잖아요.

나의 밤은 누군가의 새벽만큼

총명하고, 따뜻하고, 예리하고, 충만합니다.

새벽에는 절대 써지지 않는 글도

밤 12시에는 써지고

새벽에는 하지 않는 반성도

밤에는 하게 됩니다.

아이디어도 밤이 되어야 떠오릅니다.

고요함은 새벽에만 있는 것이 아니며

창조도 새벽만의 전유물이 아닙니다.

일찍 일어나고 싶은 생각이 없습니다.

나의 가장 창조적인 시간을

졸린 눈과 흐리멍덩한 뇌로

방해받고 싶지 않으니까요.

미라클 모닝은

모닝이 맞는 사람에게나 미라클이지

저에게는 그냥

굿 모닝이면

충분합니다.

자기 성찰

적당한 데서 멈춥니다.
일이 커지는 것을 싫어해서
감당할 수 없을 것 같으면 스톱.
그래서, 대성하기 어렵습니다.

다정다감이 어렵습니다.
친한 척도 하고, 아는 척도 하고
맞팔도 하고, 빈말도 하고, 관심을 전해야 하는데
사람을 알면 진심 없이 대하기가 어려워
많이 아는 것이 두렵습니다.

그래서, 대성하기 어렵습니다.

적당히 뻔뻔하기가 안 됩니다.
강연료, 수업료 말하는 것도 너무 어렵고
나 좀 홍보해 달라는 부탁도 하기 힘들고
내 책이나 내 수업이 정말 좋다는 말을
제대로 할 수가 없습니다.
그래서 대성하기 어렵습니다.

무조건 편들지를 못해요.
공감하면 적극 편을 들지만
아무리 좋아하는 사람이어도
공감이 안 되면 편을 못 듭니다.
아니면 아니라고 말하니
그걸 이해하지 못하는 사람은 떠나게 돼요.
그래서, 대성하기 어렵습니다.

돈 버는 재주가 없어요.

돈보다 이상을 좇는 성향 때문에

목구멍이 포도청이 되기 전에는

아마도 이렇게 살 거 같습니다.

그래서, 대성하기 어렵습니다.

결론은

대성하기 어렵다는 것.

그런데 중요한 것은

저는 별로 대성하고 싶지 않다는 거죠.

차라리 허수가 없었으면 합니다.

비즈니스로, 영혼 없이 누르는

수백 개의 좋아요보다

진심이 담긴 좋아요 하나에

감동 받는 사람입니다.

저는 그런 사람입니다.

호의가 권리가 되지 않게

청년의 병명이 무엇이었는지는

정확히 기억나지 않아요.

안구진탕증이 심해

쉼 없이 움직이는 눈동자에도 불구하고

눈을 맞추고 말하길 원했었죠.

심심해했고, 학교도 가고 싶어 했고

누나의 결혼식도 가고 싶어 했어요.

다행히 중환자실에서 일반 병실로 올라가게 되었는데

저의 호의 베풀기가 또 병처럼 찾아왔습니다.

"만화책 빌려다 줄까?"

무료한 시기를 잘 넘기고

누나 결혼식도 가고 학교도 갔으면 했습니다.

만화 가게에서 20권 정도를 빌려 양손 가득 들고

병실로 향했지요.

아주 살짝 후회했어요.

그러나 기뻐하는 청년의 모습에

역시 잘했다고 생각하며

며칠 뒤 만화책을 가지러 오겠다고 했지요.

그렇게 저의 호의는 적정선에서

끝이 나는 줄 알았어요.

"진짜 잘 봤어요. 다른 것도 빌려다 줄 수 있어요?"

그는 만화책 제목이 적힌 메모를 내밀었어요.

잠시 망설였습니다.

호의가 권리가 되는 순간이었거든요.

거절을 하면 제 이미지가 깨지는 거고

수락을 하면 제가 깨지는 거였습니다.

"이거 들고 오느라 팔 떨어지는 줄 알았어.

다시 빌리러 가기는 어려울 거 같은데."
청년은 아쉬운 표정을 지었지만
제가 깨지고 싶지는 않았습니다.

청년은 퇴원했고 아마도 저를 좋으려다 만 간호사,
착한 척하려다 만 간호사 정도로 기억하리라 생각했지요.

출산 후 응급실로 복직하게 되었습니다.
누군가 반갑게 인사를 해서 보니
청년의 어머니였습니다.
"기관절개관을 교체해야 하는데
지난번에 너무 힘들었거든요.
아이가 선생님께 부탁 좀 해보라고 해서요."
저는 너무 바빴고, 청년의 담당 간호사에게도
예의가 아니었지만
얼마나 힘들었는지를 절절히 말하는 눈빛에
또 흔들리고 말았습니다.

수락을 한 건 홀가분한 기분 때문이기도 했어요.

그런 부탁을 했다는 건

호의가 권리로 넘어갔을 때 제가 한 거절이

그리 큰 문제가 아니었다는 뜻이니까요.

"언제 갔어요? 간 줄도 몰랐어요. 하나도 안 힘들게.

와, 신기하다."

입 모양으로 말하는 그에게 저도

하이 파이브를 해주었습니다.

호의는 호의로 끝날 때가

가장 아름답습니다.

요구받지 않고 딱 내가 베풀고 싶은 만큼만.

상대에게 부담 주지 않는 정도까지만.

엄마의 마음

고3 후반기에 같은 독서실에 다니던 남학생이 있었어요.
몇 반의 부반장이라서 이름과 얼굴 정도만 알고 있었는데
어느 날 그 아이 엄마가 돌아가셨다는 소문을 들었습니다.
처음엔 고3인데 '엄마가 돌아가셔서 어쩌나, 공부가 될까
충격이 크겠다', 그런 생각들을 했어요.

얼마 뒤 독서실에서 떠도는 소리를 들었습니다.
그 아이 엄마가 얼마나 지극정성으로
아들의 뒷바라지를 했는지 말이지요.
아들보다 먼저 일어나 아침밥을 해 먹이고

매일 점심, 저녁 새로 지은 밥을 학교로 가져왔다고 합니다.

(당시에는 도시락을 두 개씩 싸 들고 다니던 때였어요.)

그리곤 아들이 독서실에서 돌아올 때까지 기다렸다가

아들이 잠들고 나면 잠자리에 들었다고.

그날도 아들의 도시락을 가져다주고선

차 안에서 숨을 거두신 거라더군요.

과로사였던 거예요.

독서실 총무가 걱정스럽게 말했습니다.

집에 가기 싫다고 하는데, 엄마 때문이라고.

엄마가 대문 앞에서 기다리고 서 있대요.

공부하다가 뒤를 돌아보면 엄마가 앉아 있다고 해요.

소름이 돋으면서 '엄마 귀신이면 무서울까, 반가울까?'

그런 생각을 했습니다.

그 아이는 그해 대학에 가지 못했어요.

정말 귀신이었다고 생각하지는 않습니다.

죄책감이었을 것이고

그렇게까지 하지 않아도 되니 살아계셨으면
좋았을 거라는 회한이 아니었을까요?

이제 저는 고3의 엄마가 되었습니다.
아이보다 먼저 일어나지만 밥을 주고선 다시 잡니다.
밤에도 아이보다 먼저 잠들고
공부하는 아이의 등 뒤에서 지켜보지 않습니다.

"예전에는 섭섭한 적도 있었는데
지금은 오히려 고맙게 생각해."
큰아이가 한 말이에요.
부담스러운 엄마가 되고 싶지 않습니다.
엄마의 삶이 아이에게 묶여 있으면
결국 아이에게 족쇄가 되니까요.
그러면서도 저는
그때는 이해하지 못했던 그 엄마의 마음을
지금은 알아드리고 싶습니다.
다시 뜨지 못한 두 눈이 뜨거웠을 테니까요.

돕는다는 것

누군가를 도울 정도로 넉넉한 학창 시절은 아니었어요.

간호사가 되고 나서야

진짜 내 돈이라고 할 수 있는 게 생겼지요.

열심히 저축해서 부모님 도움 없이 27살에 결혼했습니다.

그즈음 친정에 갔는데 동생이

회사 동료 이야기를 하는 거예요.

병든 어머니와 장애가 있는 동생을 책임지는

천사같이 착한 어린 동료가 있다고요.

생각도 바르고 성실하다고요.

핸드폰이 막 보편화되던 시기라 젊은이라면

모두 하나씩은 가지고 있을 때였어요.

회사에서도 핸드폰으로 연락할 때가 있는데

그 청년은 핸드폰을 장만할 한 푼의 여윳돈도 없다고 했어요.

동생도 취업한 지 얼마 되지 않았을 때라

형편없는 월급을 받고 있으니 도울 수는 없고

마음만 아파했어요.

"내가 사줄게."

그 말을 하는데 1분도 고민하지 않았던 거 같아요.

저에게도 적은 돈이라 할 수는 없었어요.

근데 그 정도는 해줄 수 있겠더라고요.

"안 받겠다고 할 수 있으니까

그냥 네가 사서 가져다줘."라고 했어요.

핸드폰을 받아든 청년의 모습을 직접 보지는 못했지만

자기 일처럼 기뻐하던 동생의 모습이

그 모습일 거라 생각했습니다.

누나는 정말 복 받을 거라며, 방방 뜨더라고요.

아마 그게 처음이었을 거예요.

얼굴도 모르는 사람을 도와준 것이.

저는 지금도 통 큰 후원은 하지 못해요.

그 정도로 훌륭한 사람이 아닙니다.

모든 일마다 발 벗고 돕는 사람은 더더욱 아닙니다.

그러나 그날 이후로 '이건 당연히 해야 해'라는 생각이 들면

아주 작게 후원을 하거나 도와요.

누군가에게는 그 순간 절실한 도움이 될 수도 있으니까요.

지금은 동생이 더 크게 돕는 사람이 되어

저를 부끄럽게 합니다.

그날 아마도 저 혼자만 행복했던 건 아니었나 봐요.

문득 그 청년이 생각납니다.

삶이 힘들고 고단할 때 기도하고 돕는

누군가의 작은 도움이

그 순간 온기로 전해졌기를….

아마, 그랬겠지요?

어떤 말 한마디

꽤 오래전, 가정주부로

열심히 엄마표 영어를 하고 있을 때

쑥쑥닷컴에서 저에게 칼럼난을 하나 주겠다고 했어요.

근데 건방지게도 거절했답니다.

그때 홍현주 박사님이 왜 거절했냐고 물으셔서 제가 그랬죠.

"사람 일은 모르는 거잖아요. 혹시라도 제가 책을 낼 수도 있

는데, 저작권이 쑥쑥에 있으면 가져다 쓸 수 없어서요. 헤헤."

그런 일이 있고, 어느 날 박사님 책 편집자와 함께

우연히 식사를 하게 되었어요.

저를 소개하면서

"앞으로 책 쓸 사람이에요."라고 하시는 겁니다.

볼이 확 달아오를 정도로 놀라고 창피했습니다.

그냥 꿈이었지 진짜로 그런 기회가 올 리가 없으니까요.

그러면서도 설레는 기분은 어쩔 수 없었습니다.

저의 오랜 친구 바다별님도 예전부터

"책을 써. 쓰면 된다니까!"라며 격려하곤 했었어요.

말도 안 된다고 생각하면서도

그런 말을 들을 때마다

'말이 안 되는 게 아니지 않을까?'

스스로 희망을 품었습니다.

꿈은 허황돼도 자꾸만 말해야 하고

누군가의 꿈을 알게 되었다면

진지하게 들어주어야 해요.

어떤 말 한마디가 꿈을 현실로 바꾸게 하는

불씨가 될 수도 있고

활활 타오르게 하는

바람이 될 수도 있더라고요.

몇 년 전부터는 제 말 때문에

꿈을 꾸게 되었고, 일을 찾고

도전하게 되었다는 분들의

고백을 종종 듣습니다.

행하고 열심히 사는 건 본인들이면서

그 불꽃의 시작이 저라고 띄워주는 거지요.

어떤 말 한 마디는

선한 영향력이 있습니다.

특별한 사람이 하는 말이 아니라

주변에 있는 사람의 말이면 돼요.

그리고 여러분이 바로

그 주변에 있는 사람입니다.

누군가의 가족

강의를 앞두고 예의상 흰머리는 없애야겠기에
염색을 하고 왔어요.
헤어디자이너가 젊은 아가씨인데
편하게 이것저것 말을 잘 걸더라고요.
"이 일을 하는데 내성적이면 힘들겠어요." 했더니
원래 말이 없는 성격인데 힘들게 고쳤다더라고요.
처음에는 손이 느려 많이 혼나기도 했고
남자 손님이 짧게 깎아 달라 그래서 짧게 깎았는데
이렇게 짧게 깎으면 어떻게 하냐고 욕설을 내뱉어서
마저 깎는 중에 손이 막 떨린 적도 있었대요.

정말 노력을 많이 해야 하는 일이라며
손을 쫙 펴 보였어요.
"지금도 떨려요." 하는데 맘이 짠하더라고요.

컴플레인 할 수 있죠.
그러나 그가, 그녀가 내 가족이라 생각한다면
충분히 점잖은 말과 태도를 보일 수 있습니다.
"저 사람도 누군가의 자식이겠지."
"저 사람도 누군가의 부모겠지."
아이들에게도 늘 그렇게 생각하라고 이야기합니다.
그러면 이해 못할 사람이 없거든요.

손이 느렸다던 그녀가
"어! 생각보다 빨리 끝났네요.
머리 맘에 드세요?" 하네요.
네, 맘에 들어요.
예쁘게 됐네요.

좋은 인맥이란

공무원 아버지, 가정주부 어머니에 자식 셋.

우리도 넉넉하지 않았는데

당시 다니던 시장 근처의 교회에 가면

제가 부자가 된 것 같았어요.

청소년기를 거쳐 사회 초년 시절까지 다닌 교회였는데

거기서 만난 친구들 모두 가정 형편이 좋지 않았거든요.

한 친구는 공동 수도를 중심으로 디귿 자로 늘어선

사글세 단칸방에서 아버지, 두 동생과 살았어요.

집 나간 엄마 대신 6학년이던 어린 소녀가 살림을 했죠.

하루는 그 친구를 따라 시장에 갔는데 닭발을 사더라고요.

집까지 따라가 닭발을 능숙하게 손질하는 친구를 보며

'와, 이런 것도 요리할 줄 아냐'며 신기해했어요.

친구는 뚝딱 조리하더니 저에게 하나를 내밀었고

냉큼 받아먹었죠.

집으로 돌아오는 길에 엄청나게 후회했어요.

닭고기를 살 수 없어 산 닭발일 텐데

그것마저도 아쉬웠을 양인데, 그걸 받아먹다니.

미안했습니다.

연예인처럼 예뻤던 또 다른 친구도

집 나간 엄마를 그리워하며

비뚤어지는 동생 때문에 항상 힘들어했어요.

늘 배가 고팠고

배우고 싶은 건 많았지만 배울 수 없었지요.

오랫동안 성가대를 했어도 악보를 읽지 못했던 친구가

피아노를 배우고 싶다고 해서

교회 피아노로 바이엘까지 가르쳐주었습니다.

공부를 꽤 잘했던 심성 고운 친구는 여상으로 진학했어요.

대학에 가고 싶었지만 부모님께 말도 꺼내지 못했을 거예요.

결국 취직하고 돈을 모으더니

피아노 학과에 들어가더라고요.

대단하다 생각했고, 존경스러웠어요.

교회 가는 길 허름한 집의 담벼락 문이

짝사랑하던 오빠의 집이었어요.

옆에 있는 작은 문이 화장실이었고요.

열린 문 안을 보고 깜짝 놀랐죠.

짝사랑에 빠진 사춘기 여학생이

'가난한 사람과 살 수 있을까?'를

심각하게 고민하던 시절이었습니다.

중3이었던 한 언니는 혼자 살고 있었어요.

부모님은 모두 돌아가셨고

타지에서 일하는 언니 오빠는 한 달에 한두 번 정도

필요한 걸 챙겨주러 온다 했어요.

공부도 잘했고, 씩씩했고, 더 바르게 살려고 노력하는
그 언니의 독립적인 생활을 보며 부끄러웠죠.

아이들에게 좋은 인맥을 만들어주어야 한다고
주변 친구들의 수준이 내 아이의 수준이 될 거라고
이사를 하고 학군을 따지고 사람을 가리죠.

좋은 인맥이란 무엇일까요?

저를 좋은 사람이 되고 싶다고
생각하게 만든 사람들은
잘사는 집 아이도, 교수님 댁 아이도
좋은 학군의 친구도 아니었어요.
어쩌면 다양한 사람들
생각하게 했던 친구들
내 위치를 돌아보게 했고
겸손하게 만들었던 이들이 아니었을까 합니다.
성장은 나누고자 하는 마음에서 이루어지지요.

모든 것이 갖추어진 곳에서
모든 것을 갖춘 사람들과의 교제만으로는
아쉬운 부분이 있습니다.

어디에서 아이를 키우든
무엇을 어떻게 바라보는가에 따라
아이는 잘 성장할 수도 있고
비뚤어질 수도 있어요.

인맥은 만들어주는 게 아니라
만드는 것이었습니다.

이유 없는 왕따

고3 시절 독서실을 몇 달 다녔어요.
그곳에 중3짜리 여학생이 있길래
"너는 중3이 뭐 공부할 게 있다고
돈 내고 여기까지 와서 공부를 하니?"
괜히 퉁을 주며 말했죠.
말을 걸어준 게 좋았는지 졸졸 따라다니더라고요.
휴게실에서 친구들과 있으면 옆에 와서 앉고
친구 생일 선물을 사러 가는데 따라 오기도 하고.
그냥 두었어요.

자신은 공부를 참 못한대요.

머릿속에 들어오지 않는다고.

공부를 못해서인지 학교에서 아무도

자기에게 말을 걸지 않는다고 했어요.

밥도 혼자 먹고, 혼자 다니고

별말 하지 않아도

무시당하고 놀림감이 된다고요.

그 아이는 참 얌전했고, 잘 웃었고, 예쁘게 생겼는데

아무리 봐도 비호감일 이유가 없어서

정말 이상했습니다.

온종일 한 마디도 안 하는 날이 있다고 했어요.

독서실 와서 언니 오빠들 대화 듣는 것이

낙인 듯 보였죠.

친구들과 잘 지내려고 노력해라

이런 말은 해주지 않았어요.

자기를 싫어하는 애들하고 친해지려고 노력하는 게

무슨 의미가 있겠어요.

그냥 빨리 중3이 지나가고
고등학교에 가는 게 좋겠다고 생각했죠.
친구들이 왜 그러는지는 잘 모르겠지만
내가 보기에 너는 참 예쁘게 생겼고
별로 이상하지 않다고 말해주었어요.

왕따는 이유 없이 일어날 때가 많아요.
당하는 쪽은 아침에 눈뜨기가 싫지만
가하는 사람은 신경 쓰지 않지요.

그 아이 엄마는 상황을 알았을까요?
그때는 묻지 못했는데
지금은 궁금합니다.
학교에서는 정말
별의별 일이
다 일어납니다.

이름 모를 모녀

오래전 지하철에서 어떤 모녀를 보았어요.
거리가 가까워 소곤소곤 나누는 그들의 대화가
고스란히 들렸습니다.
엄마는 40대 후반 정도
그러니까 지금 제 나이쯤으로 보였고
딸은 20대 초반 정도
그러니까 지금 제 딸 나이쯤 되어 보였어요.
그들의 관계는 분명 모녀였는데
대화를 들으면 마치 친구 사이 같았죠.
상하가 아닌 수평의 대화.

"엄마가 그 책 말해줬었나?"

"아니, 안 한 거 같은데."

"아, 내가 이건 꼭 너한테 알려줘야지 했었는데…
그 작가 책이 너무 좋더라고."

그러면서 어떤 책에 관해 이야기를 하더라고요.

딸도 귀 기울여 들으며 자기가 아는 것

궁금한 것을 물었어요.

듣고 있자니, 이미 둘은 같은 책을 많이 읽었고

서로 추천도 하고

그래서 잘 통하는 듯 보였습니다.

저로서는 무척 신선한 충격이었죠.

다 큰 딸과 같은 책을 읽고 친구처럼

대화가 이어진다는 것이 신기했어요.

'나도 아이랑 저렇게 되고 싶다!'

강한 소망이 생겼죠.

지금 딸과 제 대화가

딱 저렇습니다.

누군가 우리 대화를 듣는다면

제가 그 모녀를 보았을 때와

비슷한 충격을 받을지도 모르겠어요.

이름도 모르는 어느 모녀가

저에게 롤모델이 되어준 것처럼 말이죠.

책, 영화, 음악….

어느 것이어도 좋아요.

아이와 같은 취미를 공유하며

이야기 나눌 수 있다면

큰 행복입니다.

지금은 친구로서 저를 찾고

말 걸어주는 아이가

참 반갑습니다.

물려받은 소신

자존감 하나로

소년이 네 살 때 아버지가 돌아가셨어요.

여덟 살 때 어머니가 재혼을 하셨지요.

소년은 할아버지 집에서

어머니보다 더 젊은

새 할머니 밑에서 자랐습니다.

나이 어린 고모, 삼촌들 눈살에

밥 먹는 것조차 눈치를 봐야 했습니다.

깔려 있는 밥알을 먹기 위해

숭늉을 한 바가지 마신 적도 있대요.

엄마가 보고파서

몇 십 리 길을 걸어 찾아가면

새아버지 눈치가 보였고

닭을 가지고 놀다가 죽어버리자

엄마가 백숙을 끓였는데

"에잇, 그놈의 닭, 맛대가리도 없다!"

새아버지의 역정에

닭이 목구멍에서 넘어가지 않았다네요.

새 할머니에게 도둑 누명 쓰이기도 여러 번.

너무 억울하고 속이 상해 학교에 가지 않았는데

일 년을 안 가도 아무도 신경을 쓰지 않더랍니다.

결국 고등학교를 졸업하고 독립해 나오기 위해

공무원 시험을 봤지요.

아내가 그를 처음 봤을 땐

거의 영양실조 수준이었답니다.

비빌 부모도 없고, 가진 것도 없고, 배움이 적어도

오직 하나, 자존감으로 세월을 버텼어요.

없이 살아도 비굴하지 않게, 불의와 타협하지 않고

가진 것이 없으니

오히려 지킬 건 당당한 자신밖에 없다고 생각했습니다.

알아주지 않아도 떳떳하게

맡겨진 일에 책임을 다하고

주어진 환경에 감사하면서

나아질 미래를 기대하고 살아가는 것.

무너지지 않는 자존감.

저는 세상에서 가장 귀한

자산을 물려받았습니다.

저는 정신적 금수저입니다.

고맙습니다.

아버지.

아버지의 사모곡

어머니가 울고 있다.

해 지는 줄도 모르고 언덕에 주저앉아

하염없이 울고 있다.

엄마가 보고파서 너무나 보고파서

초등학교 2학년 아들이 학교도 가지 않고

높은 산 너머 굽이 돌은 끝자락 집

작년에 재혼한 엄마를 찾아갔다.

"아니, 학교 안 가고 어떻게 여길…"

탈진한 아들을 보고 너무나 놀란 엄마.

물부터 먹이고

서둘러 밥상 차린 엄마는

"산속은 금방 해 떨어지니께 어여 가야 한다"며

지친 아들 손목 끌고

높은 산 되넘어

할아버지 뒷산 언덕까지 데려다주고는

멀어져가는 아들의 뒷모습을 바라보며

이다지도 구슬프게 울고 있는 것이다.

마을로 내려가던 아들

모퉁이를 돌다 말고 어머니께 달려와

어머니 품에 쓰러지며 울음을 터뜨린다.

"엄마! 이제 그만 가.

벌써 어두워졌어.

험한 산길 어떻게 갈라구?"

"아이구, 우리 아들 다 컸네.

엄마 걱정까지 할 줄 알구…

기태야!

할아버지, 할머니 말씀 잘 듣고

학교도 잘 댕겨야지.

그래야 엄마가 걱정 안 하지.

안 그러믄 엄만 맨날 맨날 운단다."

"엄마, 울지 마. 내가 잘못했어.

어른들 말씀 잘 듣고 학교도 잘 다닐게"

다시는 엄마 앞에서 눈물을 보이지 않겠다고

걱정 끼치지 않겠다고

아들은 스스로 다짐한다.

아홉 살 아들은 알고 있다.

엄마의 가슴 미어지는 아픔을.

아들의 고통과 슬픔이 자신의 잘못 때문이라고

자책도 하고 후회도 하면서 얼마나 울었는지를….

아들은 지금도 생각한다.

그날 저녁 뒷산 언덕의 슬픈 이별을.

어머니!

가엾은 나의 어머니!

어머니에게 물어보고 싶다.

"그 밤중에 험한 산길을 어떻게 넘어가셨어요?"

* 덧붙임
  74세 아버지가 92세 할머니를 생각하며 쓰신 글입니다.
  74세가 되어도 아홉 살의 일이 선명하게 기억이 나서
  잊을 수가 없다고 하십니다.
  저에게는 남과 같은 할머니이고
  이해할 수 없는 할머니지만
  그땐 그럴 수밖에 없었을 거라 아버지는 말하십니다.
  새 할머니에게 도둑 누명을 쓴 날
  아홉 살 소년은 엄마가 너무 보고 싶었던 거지요.
  그러나 막상 엄마를 보니
  도둑 누명보다도 아들을 재워줄 수 없는
  엄마의 눈물이 더 무서웠던 거지요.

  오늘
  할머니가 돌아가셨다고 연락이 왔네요.
  눈물이 납니다.
  할머니가 돌아가신 건 하나도 슬프지 않은데
  엄마를 또 한 번 잃은 아홉 살 아버지 때문에
  눈물이 납니다.

동네

대학로에 살았어요.

대학 들어갈 때 이사 가서

결혼한 뒤에도 친정엄마와

한 아파트 같은 라인에 살다가

청주로 이사를 왔죠.

아이들이 태어나고 자라는 동안

친정엄마는 한결같이

동네 부심을 내보이셨어요.

야야, 여기 서울사대부초가 있으니 얼마나 좋냐.

야야, 바로 근처에 과학고도 있고

국제고가 들어왔다니 얼마나 좋냐.

우리 손녀들이 걸어서 갈 수도 있겠다.

서울대 의대, 간호대도 바로 코앞이고

성균관대가 집 뒤니 얼마나 좋냐.

세상에, 이렇게 좋은 데가 어디 있겠냐.

제가 그랬지요.

엄마, 우리 애들이 그 학교에 가야

좋은 동네인 거지

이렇게 좋은 학교들 두고 멀리 다니면

뭐 좋은 동네겠어요?

그 동네가 최고인 줄 알았던 엄마가

대학로를 떠나 강서 쪽으로 이사를 하였어요.

야야, 여기 너무 좋다.

세상 조용하고 넓고 깨끗하고….

어째 그리 시끄러운 데서 살았는지 몰라.

떠나지 않으면 모를 때가 있어요.

객관성을 잃으면 안 보일 때가 있어요.

제일 좋아 보이는 것도

좀 떨어져서 보면

별 거 아니에요.

그래도

끊임없이 장점을 찾아

즐겁게 사는 엄마가

가끔은 귀여워요.

저도, 엄마를 조금은 닮은 듯.

청주가 편해졌어요.

*

내리는 비는

막을 수 없지만

학창 시절, 골목에 쌍둥이처럼 늘어서 있는

어느 주택에서 전세살이를 했어요.

주인집은 1층, 우리는 2층이었는데 출입구가 달랐죠.

우리가 드나드는 출입문을 열면

왼쪽에는 2층으로 올라가는 계단이

오른쪽에는 반지하와 연탄 보일러실로 가는

계단이 있었어요.

비가 억수로 내리던 날이었는데

아빠가 갑자기 가족 모두 불러 모으셨어요.

"빨리 내려와. 어서, 어서!"

아니, 이런 폭우에 바깥으로 내려오라니.

내려가니 반지하에 살고 있는 가족이

혼신의 힘을 다해 물을 퍼내고 있었어요.

물이 줄어들지 않는 걸 보니 퍼내는 속도나

물이 들어오는 속도가 다르지 않아 보였습니다.

빗물은 골목을 그냥 지나지 않고

속절없이 안으로 흘러들어왔어요.

아침 일찍부터 밤늦게까지 나가 있는 고등학생이

반지하에 누가 사는지 어떻게 알겠어요.

인사 한번 한 적 없는 사람들과 함께

무념무상 물을 퍼냈습니다.

아니, 한 가지만 계속 생각했던 것 같습니다.

'도대체 집주인은 이런 집을 세주고선

왜 나와 보지도 않는 거야?

왜 도와주지 않는 거야?'

화가 났죠.

그래도 손을 보태니 확실히 들어오는 양보다
내보내는 양이 많아지더군요.
비는 계속 왔지만 물을 다 퍼내고 입구를 막아
들어오는 물의 속도를 줄였습니다.
가족 모두 비에 젖은 생쥐가 되었지만
해야 했던 일이라고 생각해요.

이번에 수해 이재민을 돕겠다고
현장에 간 국회의원이 망언을 했습니다.
"사진 잘 나오게 비나 왔으면 좋겠다."고
내리는 비는 막을 수 없지만
사람됨은 좀 갖추어야 하지 않을까요?
경험이 없어서일까
공감 능력이 없어서일까
못 배운 걸까.

아버지를 잘 만나서
다행이라고 생각했습니다.

알아주는 것도 아닌데

한창 학교 다니는 자식 셋에

들어갈 돈은 많고

분양 아파트 잔금도 치러야 하고

공무원 외벌이로는 감당할 수가 없어서

엄마가 식당을 시작했어요.

제가 중학교 들어가면서부터 대학 들어갈 때까지

6년 정도 하셨던 것 같습니다.

하루는 엄마가 하는 말을 들었어요.

"돈을 더 벌려면 마늘이며 고춧가루며

다 중국산으로 써야 하는 데

도저히 쓸 수가 없다고요."

질이 떨어지는데 어떻게 쓰냐고요.

다른 식당은 아무렇지도 않게 다 중국산 쓰는데

그걸 못하겠다며.

그런데 손님들이 그걸 알 리가 없으니

음식 가격을 올릴 수도 없다고요.

아마 누군가에게

속상한 마음을 표현하던 중이었는데

제가 들었던 것 같아요.

같은 피가 흘러서 그러는지

저도 같은 고민을 합니다.

남들은 그냥 다 하는데

누가 알아주는 것도 아닌데

못 하겠는 그런 거.

저도 있어요.

오늘만 살 거 아니라서

평소 글과 맞지 않는 사고의 글은

쓸 수가 없어요.

엄마는 부자가 되지는 못하셨어요.

그래도

엄마 식당에 왔던 손님들은

국산 재료로 밥을 드셨답니다.

그게 엄마의 자부심이면 된 거죠. 뭐.

중국산 재료 쓴다고 죄짓는 것도 아닌데

그걸 왜 못하셨을까, 하면서도

저 역시도 부자 되기는

글렀다고 생각합니다.

스파링 파트너

친정 식구 중 말 못하는 사람이 없어요.

왜 그럴까 생각해 보니

'말을 할 수 있는 자유'가 있었기 때문인가 봐요.

고등학교 때 친구들이 집에 놀러온 적이 있어요.

아빠가 제 친구들에게 음료수를 따라주며

이런저런 이야기를 하셨어요.

저는 그게 아무렇지 않았는데

친구들이 많이 놀라더라고요.

당시만 해도 그렇게 아이들과 이야기하는 아빠가

별로 없었거든요.

"네가 뭘 알아? 쪼그만 게 왜 대들어?" 대신

"너는 왜 그렇게 생각했는데?

어떻게 했으면 좋겠는데?"라고

물으셨던 것 같아요.

분에 차 있던 사춘기에는

아빠 말을 다 수긍하진 않았어도

내가 터뜨린 말 만큼

속이 시원했던 기억이 납니다.

태도에 대해 지적은 하셨어요.

네 생각이 그렇더라도

엄마한테 그런 식으로

소리를 지르거나 문을 쾅 닫으면

엄마가 무척이나 마음이 아프고 속상하니

그런 행동은 하지 말라고 말이죠.

부당한 걸 부당하다고, 억울한 걸 억울하다고

때로는 엄마, 아빠라도 앞뒤가 다르면

다르다고 말할 수 있었어요.

제가 세상에 지지 않고

의견을 내고 기죽지 않는 이유는

부모님이 상당 기간

스파링 상대가 되어주셨기 때문이에요.

싸우지 말아라가 아니라

정정당당히 싸우는 걸 연습시키신 거죠.

두꺼운 장갑 끼고 마음껏 두드리라며

링 위의 스파링 파트너가 되어주세요.

얼굴 때리는 건 반칙인 것도 알려주시고요.

부모를 이긴 아이들이

세상에서도 이깁니다.

든든한 부모

제가 어렸을 땐 치맛바람이라는 게 있었어요.

그 당시 초등학교 선생님들은

당연하다는 듯 촌지를 받았고

코흘리개 아이들 생일잔치에도

눈치 없이 초대받았고

100점을 맞거나 1등을 하면 한턱내라는 요구도

넌지시 했었답니다.

그랬던 시절에 오빠가 자꾸만

1등을 하고 반장을 하는 거예요.

그런데 명백하게 1등이었던 오빠가

학력 우수상장을 받아오지 못했어요.

착오가 있었나 보다, 부모님은 오빠를 달랬지요.

그런데 그다음에도 또 받아오지 못했어요.

대신 매일같이 학교를 드나드는 엄마를 둔

어떤 아이가 상을 받았죠.

30대 중반이었던 아버지는

아마 많이 고민하셨을 거예요.

어린 아들의 풀 죽은 모습이 너무도 마음 아팠겠지요.

그래서 고민 끝에 교장실로 전화를 거셨답니다.

"상은 받아도 되고 못 받아도 되는데 어린아이의 마음에

이런 상처를 주어서는 안 되지 않겠습니까.

어떤 이유로 두 번이나 그러셨는지는 모르겠지만

앞으로는 없어야 할 일인 것 같아 전화를 드렸습니다.

다시 상을 달라는 것이 아닙니다.

교장 선생님께서 앞으로 이런 일이 생기지 않도록

신경을 써주십시오."

아들에게 불이익이 올까봐 실명을 밝히지는 않았고
어느 반인지도 말하지 않았어요.
그래서 큰 기대도 없었을 겁니다.

그런데 교장 선생님께서 선생님들을 총집합시키고
본인 이야기라면 당장 말하라고 화를 내셨나 봅니다.
다음날 아버지는 학교로 오라는 연락을 받았고
교장 선생님께서 얼마나 노발대발하셨는지
담임 선생님은 무릎까지 꿇고 사과를 하셨대요.

오빠는 밀린 상장 두 개를 받아왔어요.
아버지는 상장이 중요한 게 아니고
네가 시험을 잘 봤다는
사실이 중요하다고 말씀하셨고
그런 과정을 지켜봤던 어린 저는
부모님이 무척 든든하게 느껴졌어요.
내가 엄청나게 억울한 일을 당하면
무언가 액션을 취하실 거란 믿음이 생겼습니다.

그건 촌지도 아니고, 무식한 싸움도 아니고
효과가 있든 없든 자식에 대한 믿음을
몸으로 보여주신 거니까요.

그때의 아버지보다 훨씬 더 나이를 먹은 지금 생각해 보면
그 전화를 하기까지 얼마나 많이, 얼마나 고민하며
할 말을 연구하고 연습하셨을지 상상이 됩니다.
사회적 지위도 없고, 빽도 없고, 돈도 없는
젊은 아빠가 할 수 있는 유일한 방법은
설득력 있게, 정중하게 말하는 것밖에
없었을 테니까요.

아이에게 믿음을 주는 부모가 되어야겠다고
내내 생각했었어요.
그 생각은 어릴 적 겪은 일로부터
배운 교훈이었나 봅니다.

노후 준비

친정 부모님은

우리에게 올인하지 않으셨어요.

물론 책을 사달라면 사주셨고

학원을 보내달라고 했으면 보내주셨을 거예요.

다만 우리가 원하지 않는 것을 가르치기 위해

돈을 쓰지 않으셨죠.

용돈을 과하게 주지 않으셨고

두 분이 노후에 쓸 것을 남겨두셨어요.

자식들에게 병원비 손 벌리지 않으셨고

여행 가고 싶을 때

자식들에게 아쉬운 소리 하지 않으셨고

가족 여행 가거나 명절 때는

가장 비싼 한 끼를 사주십니다.

우리 3남매는 부모님께 용돈을 드리지만

서로 얼마를 드리는지 알지 못합니다.

알고 싶지도 않고, 알 필요도 없지요.

부모님도 자식들에게

효도 경쟁시키지 않으십니다.

말하지 않아도

저절로 알게 되는 게 있기는 합니다.

부모님 댁에 무언가 바뀐 게 있으면

형제들이 사주었을 가능성이 크니까요.

자식들이 알아서 해드리고 싶은 걸 하는 것이지

바라서 해드리는 건 아닙니다.

노후를 자식들에게 의지하지 않으시니

자식들이 알아서 효도하게 됩니다.

그래서 저도 그런 다짐을 하는 거지요.

부모 때문에 자식들이

의 상하거나 부담을 느끼지 않도록

나의 노후를 잘 준비해야겠다고 말입니다.

영어 유치원 보내주는 것보다

수학 학원 보내주는 것보다

비싼 핸드폰 사주는 것보다

그게 더 자식에게

큰 도움이 될 거예요.

나이 들어도

5만 원 받으면 10만 원 베푸는

그런 부모가 되고 싶어요.

노후 준비 잘해서

아낌없이 주는 나무가

되고 싶습니다.

세상
상
속으로

모범생

모 대위에 대한 가짜 뉴스를

최초로 유포한 사이트의 관리자가

겨우 중3이라고 해서 놀랐습니다.

그런데 더 놀라웠던 건, 부모의 반응이었어요.

'아들은 전교 1등 모범생이다. 선처를 바란다.'

모범생이 무엇이라고 생각한 걸까요?

성적 우등생과 착각했을까요?

아니면 아이가 학교에서는 모범생인 척했던 걸까요?

전교 1등이라고 저지른 범죄에 선처를 해주어야 할

특별한 이유는 없습니다.

그렇다면 전교 꼴찌는

가중 처벌 대상이 되는 거니까요.

우연히 일어난 사고가 아니잖아요.

의도적이고 계획적이고 조직적인 범죄인데

모범생이고 전교 1등이니 선처를 해달라는 것이

진정 자식의 앞날을 위하는 길인지 모르겠습니다.

중3. 얼마든지 반성하고

다시 바르게 살아갈 수 있는 나이에요.

지금 잠시 공부를 내려놓더라도

아이의 인생을 위해 지난 시간을 돌아보고

아이와 많은 시간을 함께해주어야 하는 건 아닐까요?

부모가 저런 생각을 하고 있어서

아이가 그렇게 된 것일지도 모르지요.

'공부 외의 다른 이야기는 편하게 할 수 없는 가정이었을까'

여러 생각이 듭니다.

*모든 엄마는

〈스물다섯 스물하나〉 드라마를

재미있게 봤습니다.

남녀의 사랑 이야기가 주축이 되었지만

시대가 뒤흔들었던 청춘, 남녀의 우정, 선의의 경쟁

가족간 오해와 이해, 꿈을 향한 열정 등

주인공 남편 찾기에만 몰입하기엔 아까운

중요한 메시지들이 있었어요.

그중에서도 '모녀'에 대한 이야기를 해보고 싶어요.

희도의 엄마는 쫓아다니며

떠 먹여주는 엄마가 아니었습니다.

나는 모습을 보여주곤 절벽에서 떠미는

독수리 엄마 같다고나 할까요.

다정한 말은 없지만 뒤에서 울어주는

뚝딱대면서도 어쩌면 가장 믿고 의지하는 동지

사회 선배 같은 엄마로 보였습니다.

희도가 얼른 어른이 되어주길 바라며

혼자만 아팠던 엄마.

물론 자식이 그런 엄마 맘을 알 턱이 없지만요.

유림이의 엄마는 사랑이 많아요.

그 넘치는 사랑을 물려주었지요.

때로는 미안함도, 원하는 바도 표현하면서

교감할 줄 아는 엄마였습니다.

풍족하게 해주지 못했다고 하여

유림이 엄마가 좋은 엄마가 아니라 할 수 없습니다.

함께 할 때 웃는 가족은

생각보다 흔치 않기 때문이지요.

승완이 엄마의 폭력 교사 응징 신은 누가 뭐래도 최고였어요.

"이런 빌어먹을 학교에 내 딸을 맡기다니.

이렇게 수치스러울 수가 없네!" 라며

자퇴서를 가져오라 소리치던 그 대단한 기개.

그러나 우리는 전날 모녀가 나눈 대화를 압니다.

휘어지는 법도 알아야 한다며

목울음을 삼키면서도

엄마는 딸의 결정을 받아주었지요.

세상 끝에 선 자식의 손을 잡아준

그런 엄마였습니다.

엄마의 모양은 다 달라요.

우리가 다 다르듯이.

엄마가 있어서 우리가 있고

우리가 있어서 우리 아이들이 있습니다.

청춘 드라마임에도 '엄마'들이 있어서

고마웠던 드라마였네요.

18살을 연기하는 31살의 김태리

〈스물다섯 스물하나〉 이야기를 하나 더 해볼까요?

여주인공은 드라마 중반이 지나도록

18살, 19살입니다.

20살과 21살을 더 연기해야 하고요.

배역이 30대까지 이어지는 것도 아닌데

왜 10살 이상 차이 나는 김태리를 선택했을까요?

김태리 배우는 천연덕스럽게

고등학생 역할을 합니다.

좀 심할 때는 초등학생 같은

어리광과 엉뚱함을 보이기도 합니다.

저는 그것이 30대의 김태리가 알고 있는

고등학생의 가장 예쁜 모습이라고 생각했어요.

정작 18살 아이는, 20살 새내기는

자신이 왜 예쁜지

어디가 부러운 점인지 모르기 때문에

그것을 부각해 연기하기

어려울지도 모르겠다고 말이지요.

아무리 말해도 모르겠지만

너희는 지금이 제일 예뻐.

아무것도 꾸미지 않아도 샘날 만큼 예뻐.

우리가 너희를 얼마나 부러워하는지 모르지?

그 포인트를 알기 때문에

30대의 김태리여야 했을지도 모르겠습니다.

감정이 몽글해져

고등학교 때 친구한테 카톡을 보내

추억 뒤적이며 대화를 나누는데

친구가 앨범에서 사진을 찾아 보내주었어요.

나도 모르는, 나에게는 없는 사진 속의 나.

열아홉의 나.

꽃 핑크 셔츠에 노랑 잠바에

까만 바지에 녹색 양말이라니.

막무가내였고 솔직했고

웃음도, 눈물도 많았던

30년 전 그 시절의 나는

지금의 작은 딸과

똑같은 미소로 웃고 있네요.

그때의 내가 얼마나 예뻤는지

이제야 깨닫습니다.

코다

영화에 대한 간단한 설명을 보았을 때부터
가슴이 뛰었어요.
〈CODA, Children Of Deaf Adult〉
부모가 청각 장애인인
음악을 사랑하는 청인 소녀 이야기라니!
한 번도 노래를 들어본 적 없는 가족들에게
자신이 얼마나 노래를 부르고 싶은지 설명하는 것이
결코 쉬울 리 없습니다.
음악을 사랑하는 마음과 가족을 사랑하는 마음
모두 크지만

선택의 순간이 왔을 때는, 결이 다른 사랑이 됩니다.

영화를 보는 내내 마음이 일렁였습니다.

장난을 치는 가족의 모습에는 눈물이 나고

우는 장면에서는 미소가 지어졌지요.

청각 장애인들을 나름대로 이해한다고 생각했지만

한 장면에서 허를 찔렸습니다.

무대에서 열창하는 아이들과 환호하는 관객들을 보며

상황에 어울리지 않는 표정을 짓고

어울리지 않는 대화를 하는 엄마 아빠의 모습이 보입니다.

그러다 갑자기 영화에서 소리가 사라져요. 암흑처럼.

울컥 눈물이 차올랐습니다.

소리를 뺀 세상 속 그들이 완벽하게 이해되는 순간이었습니다.

그러고 나니 그들의 사랑 표현과 방식이 이해되었어요.

밖에서 보는 방식 말고, 안에서의 방식으로요.

청각 장애인 부모가 자식의 청각 장애를

원하지 않을 거라는 건 편견이었습니다.

한국어만 쓰는 부모가

영어만 쓰는 아이를 키운다고 생각해 보세요.

두려울 것 같아요.

내 사랑을 온전히 전하지 못할 수 있으니.

서로 집중하지 못할 수 있으니.

때로 가족은 가족이라는 이름으로

희생을 강요하기도

희생을 감당하기도

보내주기도 합니다.

듣지 못하는 아빠가 딸의 진심을 알고 싶어서

딸의 노래를, 봅니다.

우리는 아이의 모든 것을 알 수 없지만

모든 것을 받아줄 수 있다는 뜻입니다.

이런 영화들만 있다면 좋겠어요.

따뜻하고, 꽉 차고, 고맙고

행복한 영화 말입니다.

다가오는 현실

회차에 따라 주·조연이 바뀌는 옴니버스 드라마

〈우리들의 블루스〉를 보면서

현이와 영주 에피소드에 대한 뜨거운 반응을

유심히 지켜봤어요.

〈고딩엄빠〉라는 프로그램 역시 고등학생 임신을

장려하려는 것이냐는 비판의 소리도 큰 상태고요.

저는 찬, 반이 아닌 '있을 수 있는' '앞으로 자주 보게 될'

일이라는 관점에서 보았어요.

그들이 낳기로 했다면

그 아기를 받아들여야 하는 곳은 사회니까요.

드라마에서 반 아이들은 배가 불러오는 영주가

학교에 다니는 것을 거부하지 않더라고요.

사회는 변했거든요.

머지않아 학급마다 배부른 친구가 한두 명씩 있는 것이

낯설지 않은 광경이 될지 모릅니다.

유럽처럼 학교에 탁아소가 생기고 수유실이 생기겠지요.

다만 아쉬웠던 점은

극 초반 자기 몸에 대한 결정권을 강하게 주장했던 영주가

마음을 바꾸고 아기를 지키는 것만이

아름다운 해결인 것처럼

이야기가 흘러갔다는 겁니다.

"월 30만 원이면 고시원에서 아이를 키울 수 있대.

최저시급으로 10시간씩 일하면 일 년에 2천만 원을 번대."

라며 해맑게 웃는 아이들인데 말이죠.

그것이 그 나이의 아이들이 생각할 수 있는

최대한의 상상력이라면

억장이 무너지는 두 아빠는 또다시 희생을 강요당하며

이번 생은 포기하게 됩니다.

영주가 서울대 의대에 가지 못했으면 좋겠고

현이가 학교를 그만둔 것을 후회했으면 좋겠다는

저의 못된 심보를 감추고 싶지 않습니다.

아기를 낳고 키운다는 것은

그렇게 쉬운 일이 아니며

준비되지 않은 상태에서 엄마, 아빠가 되면

꿈의 방향이나 속도가 달라진다는 사실을

꼭 보여주었으면 좋겠디라고요.

설마 내 아이가.

설마 학교에 탁아소가.

설마 학교에 임산부 여고생이.

'설마'가 아니에요.

거부해도 다가오는 현실입니다.

마음의 준비를 단단히 하자고요.

노인과 바다
그리고 양육

이보다 허무한 일이 또 있을까 싶은 내용임에도
헤밍웨이의 《노인과 바다》는 명작이 되었습니다.
노인은 84일간 허탕을 친 뒤 다시 나간 바다에서
큰 물고기를 만나 사력을 다해 싸웠죠.
놓칠 수 없죠.
손에 쥐가 나고, 상처가 나고, 잠을 못 자고,
배가 고프고, 생리적 현상도 해결하기 어렵지만
절대 줄을 놓을 수 없어요.
강약 조절을 해가며 물고기와 밀당을 해요.
따라가 주는 듯 당기다가도

줄을 끊고 도망갈까봐 마음을 다스립니다.

누가 알아주지도 않고 함께 할 사람도 없어요.

그저 너무 힘들 때는

혼잣말을 하거나 신께 기도할 뿐입니다.

그런데 상어들이 물고기의 살을 다 뜯어가기 시작해요.

상어들과 싸우지만 노인 혼자의 힘으로는 역부족이에요.

만신창이가 되어 뼈만 남은 물고기를 가지고 돌아옵니다.

그러나 우리는 노인을 감히

실패자라고 할 수 없습니다.

남은 것은 뼈와 머리밖에 없지만

그가 얼마나 큰 물고기를 잡았었는지

얼마나 힘이 들었는지 알 수 있기에

오히려 가슴이 먹먹해지도록

노인에 대한 존경심이 드는 겁니다.

자식을 키우는 게 그와 같아요.

외로운 싸움에서 사투를 벌이며 최선을 다하고
자신을 믿었던 노인처럼,
과정에서 얻은 경험과 기쁨과 인내를 생각하며
침대에 누워 다시 사자 꿈을 꾸는 노인처럼,
부모 노릇이 그러합니다.
그런 게 명작이죠.

베스트셀러가 되었다가 사라지는 작품
막장 드라마 같은 그런 육아 말고
명작 같은, 고전 같은 육아 기록을
가슴에 남기는
부모가 되고 싶습니다.

늑대 아이

애니메이션 〈늑대 아이〉를 보면서
엄마로서 많은 생각을 했어요.
엄마는 아이들이 인간으로 남을지
늑대로 남을지
본인이 정하지 않고 지켜봐 주었죠.
어떤 선택에도 엄마는 안심할 수 없지만
어떤 선택이라도 엄마는 지지할 수밖에 없죠.

늑대 아이 둘을 키우는 싱글맘 하나의 삶이
특별하다고 생각했는데

지금 보니 하나와 우리는

다르지 않은 것 같습니다.

열이 펄펄 나는 아이를 안고

동물 병원과 사람 병원 사이에서

어느 쪽으로도 가지 못하던

엄마 하나의 당황하던 모습은

우리와 무척 닮아 있어요.

아무것도 모르겠는 거죠.

혼자 헤쳐가야 하는 거고요.

중간에 한 에피소드인데요.

아이가 눈물을 뚝뚝 흘리며 말해요.

왜 늑대는 다 나쁘고, 사람들이 싫어하냐고요.

언제나 늑대는 죽는 걸로 끝난다고요.

그림책에 나오는 늑대들이 다 그렇잖아요.

늑대 인간인 아이 입장에서는

무섭고 외롭고 겁도 났을 거예요.

근데 엄마가 빙긋이 웃으며, 이렇게 말해요.

엄마는 늑대를 좋아한다고요.

세상 사람들이 다 늑대를 싫어해도

엄마는 늑대 편에 설 거라고요.

우리는 모두

늑대 아이를 키우고 있어요.

평범하지 않고, 편하지 않고

어디로 튈지 모르고, 무엇이 될지 모르는.

하나가 그랬듯

우리가 할 일은 하나밖에 없어요.

그저 너의 편에 서겠다는 것.

너를 좋아한다는 것.

엄마가 해줄 수 있는

가장 큰 사랑이 아닐까요?

세대 차이

자동차 광고 내용인데요.

할아버지 집에 손녀가 와요.

엄마, 아빠가 잠시 맡기고 볼일을 보러 간 거 같아요.

아이는 TV 앞으로 달려가

화면에 손을 대고 옆으로 밀어요.

화면이 켜지지 않자

할아버지가 뒤에서 리모컨으로 켜줍니다.

손녀는 화면이 켜졌다고 좋아해요.

방으로 들어가서는 천장의 등을 향해 손뼉을 쳐요.

여러 번 쳐도 등이 들어오지 않자

할아버지가 스위치로 켜주죠.

자신이 손뼉을 쳐서 불이 들어온 줄 알고

또 신나는 손녀.

손녀는 할아버지의 차고도 구경하고

할아버지가 차려준 음식도 맛있게 먹어요.

손녀를 보는 일은 참 힘들지만

미소를 짓게 만드는 일이기도 하지요.

자, 이제 할아버지랑 자동차 장난감으로 놀아볼까?

할아버지는 vroom~vroom~! 하며 자동차를 몰아요.

그러나 손녀는 이해할 수 없다는 표정을 짓죠.

무엇이 잘못된 걸까요?

아이의 부모가 와서 아이를 데려갑니다.

떠나는 자동차를 보면서 할아버지는 비로소 깨닫습니다.

손녀가 타는 자동차는 vroom, vroom 소리를 내지 않는

전기차라는 사실을요.

결과적으로 전기차 광고이지만

저는 그 속에서 세대 차이와

그걸 극복하는 과정을 본 것 같았어요.

터치와 원격 조정, 전기와 신재생 에너지.

아이들과 지난 시대를 살아왔던 이들이

함께 살아갑니다.

서로의 생활을 들여다보고 이야기하고

이해하려는 노력이 없다면

서로를 더 멀리하게 되겠지요.

'우리 때는 이랬어' 할 수 있지만

'우리가 맞아'라고 해서는 안 될 겁니다.

세대 차이를 줄이는 방법은

자주 만나고 서로 알려주는 거예요.

어른들은 부지런히 쫓아가야죠.

가만히 멈추어서 너희가 나를 이해하라고만 한다면

저 예쁜 손녀는

다시는 오지 않을 거니까요.

꿈

충격과 눈물과 분노로 얼룩진

베이징 올림픽의 피겨스케이팅 논란을 보면서

선수들이 10대라 마음이 매우 불편했어요.

올림픽에 나갈 때는 금메달이라는 목표가 있었겠지요.

얼마나 피눈물 나는 노력과 한계를 넘는 훈련을 했을까요.

어떤 경로를 통했는지 모르지만

발리예바 선수는 약물을 복용했어요.

그렇다면 경기에 나오지 않았어야 했고요.

그건 발리예바를 위해서도 필요한 조치였죠.

옳지 못한 것이라 알려주고

이번엔 출전할 수 없지만

다음엔 정정당당하게 도전하자고

가르쳐 주었어야지요.

선수를 학대하며 훈련을 시킨다던 코치가

실수한 선수를 무섭게 다그치는 모습을 보았습니다.

그 아이가 피겨를 계속할 수 있을까요?

은메달을 딴 트루소바 선수도 마찬가지예요.

피겨에 대한 사랑보다 금메달이 더 간절했던 것 같아요.

'남보다 더하면 되겠지, 남보다 더 어려운 기술을 하면 되겠

지', 생각하며 노력했는데 금메달이 없다며 펑펑 울어요.

스케이팅이 정말 싫다고

다시는 스케이트를 타지 않겠다면서 말이죠.

우리 선수들을 보았습니다.

메달도 없고, 엉덩방아를 찧었는데도

너무나 예쁘게 웃던 차준환 선수.

아쉬워하면서도 씩씩하게 걸어 나오던 김예림 선수.

실수가 없어서 만족스럽다며

더 열심히 할 수 있을 것 같다던 유영 선수.

그 선수들도 아쉬웠겠죠. 안타까웠겠죠.

그렇지만 스케이트를 사랑하는 마음

더 성장하고 싶은 마음을 품고

자신이 그리는 모습을 꿈꾸는 우리 선수들이

진짜 대견합니다.

평생 한 번 올까 말까 한 기회인 건 맞지만

올림픽보다 더 중요한 인생의 기회들은

수도 없이 찾아와요.

그걸 알려주는 게 어른이죠.

올림픽 자리에 수능이나 대입을 넣어도 마찬가지입니다.

결국 스스로 계속하고 싶은 '애정'을 느끼는 게

지속할 수 있는 힘이 되겠지요.

공부 못하는 아이

(고작) 우리나라 안에서

최고 학벌을 가진 교수가 쓴 글에

불쾌함을 느꼈습니다.

국민이라면 대통령을 비난할 수 있어요.

그러나 대통령을 비난하기 위해 건드린

'공부 못하는 아이들'에 대한

그의 생각에 화가 났습니다.

'과거, 내가 겪었던 공부 못하는 이들'로 시작한 그의 글은

'앞으로도 개선될 희망이 없다'로 끝맺습니다.

성적으로만 평가받는 사회 구조 속에서는

당연히 공부 잘하는 아이들이
우등생이 되는 거 아닌가요?

남편에게 우스갯소리로
종종 하는 말이 있습니다.
"당신은 석기 시대에 태어났으면
열등생에 부족 왕따였을 거야."
그 교수도 석기 시대에 태어났으면
그러했으리라 생각합니다.
재능을 펼칠 수 있는 시기에 태어난 운과
남들보다 좋은 위치에 갈 수 있었던
여러 가지 조건들을
감사하게 생각했으면 좋겠어요.

공부 못하는 아이들을 무시하고
인생 낙제자, 희망이 없는 존재라고 평가하기 전에
그 아이들과 함께 밥을 먹은 경험이 있을까 궁금합니다.
공부 못하는 아이들, 공부가 재능이 아닌 아이들이

자신의 재능을 찾고, 제대로 평가받을 수 있게
공정한 사회를 만들려고 노력했을까 궁금합니다.
희망이 없다고 낙인찍기 전에 손잡아 주었을까요?

학창 시절, 공부 못했던 친구들을 떠올리면
마음 아픈 사연들이 줄줄 떠오르는데
그의 기억 속에는
개선의 희망조차 없는
낙제아만 떠오르나 봅니다.

그런 변호사는 없지만

⟨이상한 변호사 우영우⟩가 나왔을 때
많은 법조인들이 법정 신이 실제와 흡사하다며
만족감을 드러냈다고 합니다.
변호사 역할도 제대로 그려냈다며.
한바다 같은 법무법인은 우영우처럼
공익 사건을 맡지 않는다는 점만 빼고요.

⟨법대로 사랑하라⟩의 주인공 역시
한바다 같은 법무법인에서
공익만을 담당하다가 퇴사하고

카페를 차립니다.

커피 한 잔 값에 변호사 상담을 해주겠다는

따뜻한 마음을 가지고요.

많은 것이 법정으로 가기 전에 해결될 수 있음을

알기 때문이라면서요.

또 다른 드라마 〈천 원짜리 변호사〉는 수임료가

단돈 천 원입니다.

월세도 못 내 주인을 피해 다니면서도

수임료 천 원도 모자라 잘 살아가라며

의뢰인에게 거액의 돈을 보태주기도 합니다.

이런 드라마들을 보며 우리는

소시민으로서 공감하며 쾌감을 느껴요.

어딘가에 저런 변호사가 존재할지 모른다는

기대도 해봅니다.

그러나 지인들의 이혼 소송을 지켜보니 소송 시작도 전에

변호사비로 500~600만 원이 있어야겠더군요.

한마디로 돈이 없으면 이혼도 어려워요.

전업주부였던 여성에게

세상은 참 가혹하다는 걸

생생하게 지켜봤습니다.

메디컬 드라마를 보면서도 우리는 알아요.

그런 의사는 없다는 걸.

변호사 드라마를 보면서도 역시 압니다.

이런 변호사는 없다는 걸.

그래도 본방 사수하며 보는 이유는

꿈이기 때문이에요.

한의대를 다니던 조카가 졸업하면

카페를 차릴 거라고 했었어요.

한방차도 팔면서 진맥도 봐주고

건강 상담도 해줄 거라면서요.

조카는 지금 카페가 아닌

한의원을 운영합니다.

현실도 외면할 수 없으니까요.
중요한 것은, 꿈을 꾸었던 사람은
그 꿈을 기억하고 있다는 겁니다.
조카는 한의원에 오는 환자들을
카페에서 상담하듯
맞이하고 있으리라 생각합니다.

그런 선생은 없고
그런 의사도 없고
그런 대표님도 없지만
그런 마음이 있기를 바랍니다.

오드리 헵번

아이와 나누는 대화는

다른 엄마들이나 친구들과 나누는 대화와는

조금 다릅니다.

더 신중해져요.

생각을 더 깊게 해야 해요.

성범죄를 저지른 배우의 딸이

드라마에 나오는 걸 보고

딸과 이야기를 나누었어요.

잘못을 한 건 아빠인데

딸이 못 나올 이유가 있을까?

피해자와 그 가족들이 드라마에서

그 딸을 보면 마음이 어떨까?

그 돈으로 편히 살아오지 않았나.

잘못은 없지만, 대중에게 노출되지 않는

직업이었으면 어땠을까?

꿈을 포기해야 할 만큼

아빠의 잘못을 나눠야 하는가?

저는 오드리 헵번이 떠올랐어요.

외모도, 내면도 너무나 아름다웠던 분.

아버지가 친나치라는 이유로

오드리 헵번이 배우가 될 수 없었다면

우리는 아름다운 그녀를 볼 수 없었을 거예요.

아버지가 한 일을 되돌릴 수는 없지만

오드리 헵번이 했던 수많은 선행이

의미가 있었다고 생각합니다.

어쩌면 그녀를 보기 불편했을 피해자 가족들도

어려운 사람을 외면하지 않는

그녀의 꾸준한 모습에

호감을 느꼈겠지요.

부모의 그늘을 벗어날 수는 없지만

본인이 어떻게 하느냐에 따라

사람들은 그걸 기억할 거라고

본인은 성범죄자가 아니지만

진심을 가지고 꾸준히 돕는다면

사람들도 그녀의 꿈을 막지는 않을 거라고

딸과 이야기를 나눴습니다.

단순하게 된다, 안 된다가 아니라

어떻게 세상을 살아가면 좋을지

이야기를 하게 되네요.

자녀는 이제 좋은

대화 파트너입니다.

없는 아이 말고

수능 문제집을 산 뒤
스스로 세상을 떠난
학생의 기사를 보았어요.
스스로 생을 마감한
모든 아이의 죽음은 타살이에요.
한 아이를 키우는 데
온 마을이 필요하다면
한 아이를 무너지게 하는 데에도
온 마을이 작용한 거지요.

다 컸지만 다 크지 않았고
다 크지 않았지만 다 큰 아이들.

차라리 대들었으면
그게 사회이든, 제도이든, 부모든, 친구든
무엇이 되었든
악을 쓰고 대들었으면.
이 세상에 없는 아이 말고
못된 아이가 되었으면.

도와줄 사람이 없어도
나타날 때까지 버텼으면.

희망이 무너지면
참 마음이 힘들어요.

불편한 광고

5G의 장점을 보여주는 모 텔레콤 광고였어요.

휠체어를 탄 아이가 친구들과 고궁을 방문해요.

그러나 곧 계단에서 좌절하고 말죠.

친구들은 도와주려 하지만 잘되지 않고

아이는 친구들에게 "나는 안 봐도 괜찮아."라고 말합니다.

그리곤 짜잔~

VR, AR 기술 덕분에 휠체어에 앉아서도

고궁 구석구석을 탐방하고

친구들은 아이 주위로 모여듭니다.

광고는 잘 만든 것 같아요.

저렇게 한 사람의 입장까지 고려하는구나 하면서요.

그러나 불편했어요.

옆에서 보던 딸아이가 말하더군요.

"그럼 해외여행은 왜 가? AR, VR로 보지.

직접 보는 거랑 같나?"

고궁에 휠체어가 다닐 수 있게 해줘야지

아이 입에서 "나는 안 봐도 괜찮아."라는

말이 나오게 해서 되겠느냐고 말이지요.

물론 고궁에 휠체어가 다닐 수 있게 만드는 건

모 텔레콤에서 할 수 있는 일이 아니에요.

기업에서 할 수 있는 최선의 것을 했다고 봅니다.

그럼에도 불구하고

장애인은 저렇게 보면 되겠구나

안도하지 않았으면 좋겠습니다.

"나는 안 봐도 괜찮아."가

계속 마음에 얹힙니다.

어린 왕자

어린 왕자의 별에는 장미가 한 송이 있어요.

처음 장미가 싹을 틔우고 꽃을 피웠을 때

어린 왕자는 얼마나 감동했는지 몰라요.

애지중지하며 물도 주고, 벌레도 잡아주고

춥다고 징징대면 가림막도 쳐주면서

장미의 온갖 허영과 거짓말과 갑질을 견뎌냈지요.

그러다 어느 순간 지쳤어요.

어린 왕자는 철새를 이용해

행성 B216을 떠나고 맙니다.

여러 별을 여행하다

지구로 와서 여우를 만나죠.

여우는 길들임에 대해 알려주고선

근처에 장미가 있는 곳에 가보라고 해요.

엄청나게 많은 장미를 보고

어린 왕자는 충격에 휩싸이죠.

세상에 장미는

한 송이밖에 없는 줄 알았는데

이렇게 많은 장미라니요!

자신의 장미가 많고 많은 장미 중

하나일 뿐이라는 걸 깨닫고

깊은 상심에 빠집니다.

그러나 여우가 말해요.

네가 쏟은 시간과 정성 때문에 너의 장미는

이 세상에 하나밖에 없는 장미라고.

어린 왕자는 갑자기

자신의 장미가 너무 그리웠어요.

그렇게 어린 왕자는 자기 장미를 '책임지기 위해'

육체를 떠나 B216으로 돌아가요.

지금 읽으니 왜 장미가 내 아이 같을까요?

처음 태어났을 때는

세상에 하나밖에 없는 아이인 것처럼

너무 예쁘고, 귀하고, 바람 불면 날아갈까 걱정도 됐죠.

그러다 조금 지나 세상에 수많은

잘난 아이들이 보이면

내 아이가 못나 보이고

징징대는 아이를 피해

도망가고 싶을 때가 생겨요.

그러나 이미 내 아이는 나를 길들였는걸요.

그동안 쏟았던 사랑과 정성, 품었던 시간이

우리를 서로 끈끈하게 만들었어요.

다른 사람이 보면

그냥 그런 아이일지 모르지만

나에게는 특별한, 목숨을 내어놓을 수 있는

하나밖에 없는 존재가 된 겁니다.

내 장미가 있다는 이유만으로

하늘을 올려다보며 행복했던 어린 왕자처럼

내 아이가 있다는 이유만으로

이 세상도 아름다운 세상이 되는 거지요.

아는 내용이어도

다시 읽어보세요.

엄마로 만나는 어린 왕자는

다른 이야기를 들려줄 겁니다.

엄마의 소신 두 번째 이야기

초판 1쇄 인쇄 2023년 10월 20일
초판 1쇄 발행 2023년 10월 27일

지은이 이지영

대표 장선희 **총괄** 이영철
기획편집 현미나, 한이슬, 정시아, 오향림
책임디자인 김효숙 **디자인** 최아영 **일러스트** 소소하이
마케팅 최의범, 임지윤, 김현진, 이동희
경영관리 전선애

펴낸곳 서사원 **출판등록** 제2023-000199호
주소 서울시 마포구 성암로 330 DMC첨단산업센터 713호
전화 02-898-8778 **팩스** 02-6008-1673
이메일 cr@seosawon.com
네이버 포스트 post.naver.com/seosawon
페이스북 www.facebook.com/seosawon
인스타그램 www.instagram.com/seosawon

ⓒ 이지영, 2023

ISBN 979-11-6822-227-4 03590

서사원은 독자 여러분의 책에 관한 아이디어와 원고 투고를 설레는 마음으로 기다리고 있습니다.
책으로 엮기를 원하는 아이디어가 있는 분은 이메일 cr@seosawon.com으로 간단한 개요와 취지,
연락처 등을 보내주세요. 고민을 멈추고 실행해보세요. 꿈이 이루어집니다.